C言語と数値計算法

杉江日出澄・鈴木淳子 共著

培風館

本書の無断複写は，著作権法上での例外を除き，禁じられています。
本書を複写される場合は，その都度当社の許諾を得てください。

序 文

　本書は，大学や高専などで行う情報処理教育の内の「C 言語」や「数値計算法」に関する教育のためのテキストである．

　C 言語が誕生して 25 年以上が経過し，その有用性が評価されて，C 言語が世の中で幅広くあらゆる分野で利用されるようになってきた．それに伴って，大学等の教育においても，C 言語がよく取り上げられるようになっているため，著者らの書:

「FORTRAN77 と数値計算法」(培風館,1991)

を，C 言語に書き換えて欲しいという要望があり，それに基づいて企画した書である．
　C 言語によるプログラミング教育のみへの対応書として，

「C プログラミンクの学習」(培風館,2000)

を既に出版したが，単なる C 言語によるプログラミング教育だけではなく，数値計算法も同時に習得させたいという要望に対するテキストである．

　無論，「C 言語」と「数値計算法」を，1 つの科目あるいは 2 つの科目とするかは自由であり，またどちらか一方を自学自習あるいは参考資料とし，テキストは両者が含まれるものとした方が，具体的な応用の一端がわかり，教育上好ましいと考えるケースもあるであろう．

　本書の構成は，2 つの編からなり，第 I 編は，C 言語によるプログラミング教育であり，上記の「C プログラミンクの学習」(培風館,2000) の書を引用し，質的な内容は変えずに，少し簡潔にまとめたものである．全 10 章からなり，各章の構成は，プログラミングの基礎，データ型と関数，標準入出力関数と演算子，分岐処理と繰り返し処理，配列，記憶クラスとプリプロセッサ，ポインタ，構造体と共用体，ライブラリ関数，ファイル操作となっている．

　第 II 編は，上記の「FORTRAN77 と数値計算法」(培風館,1991) の書の数値計算法の部分を引用し，部分的に追加や補正をし，例題を C 言語化したものである．全 7 章からなり，学部教育で必要と思われる基礎的な数値計算法を，講義や演習に適当と思われる順序に配列したもので，各章の構成は，方程式の求根，連立 1 次方程式と逆行列，最小 2 乗近似，補間法，数値積分法，常微分方程式，誤差となっている．

　第 I 編と第 II 編の各章末には，なるべく多くの演習問題を用意し，その中から学生のレベルに応じて選択して課題が与えられるように配慮したつもりである．学習者が本文や例題をよく理解すれば，自力でプログラミングでき解答に到達できるはずであるので，すべての解答をさらけ出すようなことは，教育上好ましくないので避け，最終的なチェックポイントとなる解答のみを示すようにした．

最後に，数値計算法の例題のプログラミングや校正に多大な協力を頂いた日本福祉大学情報社会科学部の田中史さん (現在:日立ビジネスソリューション株式会社勤務)，および本書の出版に際して終始なみなみならぬご尽力を頂いた培風館の編集部の皆さんに厚くお礼申し上げます．

平成13年8月

著　者

目 次

第Ⅰ編 C言語

1 プログラミングの基礎　3
- 1.1 プログラムの書き方　3
- 1.2 コンパイルと実行　4
- 1.3 コメント文について　5
- 演習問題　5

2 データ型と関数　6
- 2.1 データ型　6
  - 2.1.1 定数と変数　6
  - 2.1.2 基本データ型　7
  - 2.1.3 エスケープシーケンス　10
  - 2.1.4 データ型名の別名定義（typedef文）　11
  - 2.1.5 型変換　12
- 2.2 関数　13
  - 2.2.1 関数の概念　13
  - 2.2.2 関数の書式　15
  - 2.2.3 再帰呼び出し　16
- 演習問題　18

3 標準入出力関数と演算子　19
- 3.1 標準出力関数　19
  - 3.1.1 putchar()　19
  - 3.1.2 printf()　20
- 3.2 標準入力関数　23
  - 3.2.1 getchar()　23
  - 3.2.2 scanf()　23
- 3.3 演算子　24
  - 3.3.1 算術演算子　24
  - 3.3.2 代入演算子（複合代入演算子）　25
  - 3.3.3 インクリメント演算子とデクリメント演算子　26
  - 3.3.4 キャスト演算子　28
  - 3.3.5 関係演算子と論理演算子　28
  - 3.3.6 その他の演算子　29
  - 3.3.7 演算子の結合規則と優先順位　29
- 演習問題　31

4 分岐処理と繰り返し処理　32

4.1 分岐処理　32
4.1.1 if 文　32
4.1.2 if-else 文と if-else if 文　33
4.1.3 switch 文　34

4.2 繰り返し処理　36
4.2.1 while 文　36
4.2.2 do-while 文　38
4.2.3 for 文　39
4.2.4 繰り返し処理における break と continue　40

演習問題　41

5 配列　42

5.1 1次元配列　42
5.1.1 1次元配列の概念と活用　42
5.1.2 文字列の配列　44

5.2 2次元配列　45

5.3 多次元配列　47

演習問題　48

6 記憶クラスとプリプロセッサ　50

6.1 記憶クラス　50
6.1.1 自動変数　50
6.1.2 レジスタ変数　51
6.1.3 静的変数　51
6.1.4 外部変数　52

6.2 関数の記憶クラス　53
6.2.1 static 関数　54
6.2.2 extern 関数　54

6.3 プリプロセッサ　54
6.3.1 ファイルの組み込み (#include)　54
6.3.2 マクロ定義 (#define)　55
6.3.3 マクロ定義の解除 (#undef)　57
6.3.4 条件付きコンパイル (#ifdef (#if) ～#else～#endif, #ifndef)　57

演習問題　60

7 ポインタ　61

7.1 ポインタの概念　61

7.2 ポインタの宣言　62

7.3 関数の引数としてのポインタ　63

7.4 ポインタと配列　66
7.4.1 ポインタと1次元配列　66
7.4.2 関数のポインタ渡しと配列　68
7.4.3 ポインタと2次元配列　69

演習問題　70

8 構造体と共用体　　　　　　　　　　　　　　　　　　　　　　71

8.1 構造体 ———————————————————————— 71
8.1.1 構造体の定義　　　　　　　　　71
8.1.2 メモリ配置と初期化　　　　　　72
8.1.3 各メンバへのアクセス　　　　　73
8.1.4 構造体の配列　　　　　　　　　74
8.1.5 構造体の入れ子　　　　　　　　76
8.1.6 構造体の typedef　　　　　　　78
8.1.7 構造体とポインタ　　　　　　　78

8.2 共用体 ———————————————————————— 80
8.2.1 共用体の定義　　　　　　　　　80
8.2.2 メモリ配置と初期化　　　　　　81
8.2.3 各メンバへのアクセス　　　　　81
8.2.4 共用体の typedef　　　　　　　81

演習問題 ————————————————————————————— 82

9 ライブラリ関数　　　　　　　　　　　　　　　　　　　　　　84

9.1 ライブラリ関数の使用方法 ————————————————— 84
9.2 文字列操作関数 ————————————————————— 85
9.2.1 strcat()　　　　　　　　　　　85
9.2.2 strncpy(),strcpy()　　　　　　85
9.2.3 strncmp(),strcmp()　　　　　　86
9.2.4 strlen()　　　　　　　　　　　87

9.3 数学関数 ———————————————————————— 88
9.3.1 abs(), fabs()　　　　　　　　88
9.3.2 rand()　　　　　　　　　　　88
9.3.3 pow()　　　　　　　　　　　89
9.3.4 sqrt()　　　　　　　　　　　90
9.3.5 sin(), cos(), tan()　　　　　90
9.3.6 exp()　　　　　　　　　　　91
9.3.7 log(), log10()　　　　　　　91

9.4 データ変換関数 ————————————————————— 92
9.4.1 atoi(), atof()　　　　　　　92

9.5 メモリ操作関数 ————————————————————— 93
9.5.1 malloc()　　　　　　　　　　93
9.5.2 free()　　　　　　　　　　　93

9.6 入出力関数 ——————————————————————— 94
9.6.1 sprintf()　　　　　　　　　　94

9.7 その他の関数 —————————————————————— 95
9.7.1 time()　　　　　　　　　　　95
9.7.2 localtime()　　　　　　　　95
9.7.3 qsort()　　　　　　　　　　96

演習問題 ————————————————————————————— 98

10 ファイル操作　　99

- 10.1 ファイル操作の流れ　　99
- 10.2 オープンとクローズ　　100
  - 10.2.1 fopen()　　100
  - 10.2.2 fclose()　　100
- 10.3 ファイルへのデータの書き込みと読み出し　　101
  - 10.3.1 putc()とgetc()による1文字の書き込みと読み出し　　101
  - 10.3.2 fputs()とfgets()による文字列の書き込みと読み出し　　103
  - 10.3.3 fwrite()とfread()による2進数データの書き込みと読み出し　　104
- 10.4 ファイル位置操作関数　　106
  - 10.4.1 fseek()によるファイルポインタの移動　　106
- 10.5 その他のファイル操作関数　　107
  - 10.5.1 remove()によるファイルの削除　　107
  - 10.5.2 rename()によるファイル名変更　　107
- 演習問題　　108

第II編　数値計算法

1 方程式の求根　　111

- 1.1 Newton法　　111
- 1.2 Regula falsi法　　113
- 1.3 二分法　　114
- 1.4 Regula falsi法と二分法の応用　　116
- 1.5 2変数二分法　　118
- 1.6 Bairstow法　　120
- 演習問題　　123

2 連立1次方程式と逆行列　　124

- 2.1 Gauss-Jordan法（掃出し法）　　124
- 2.2 Thomas法——三項対角方程式に対する解法　　130
- 2.3 Gauss-Sedel法　　133
- 2.4 逆行列　　135
- 演習問題　　138

3 最小2乗近似　　140

- 3.1 線形最小2乗近似 140
- 3.2 直接探索法 141
- 3.3 線形最小2乗近似と直接探索法の併用 142
- 演習問題 147

4 補間法　　148

- 4.1 Lagrange の補間法 148
- 4.2 Aitkin の補間法 149
- 4.3 Newton の補間法 151
- 演習問題 154

5 数値積分法　　156

- 5.1 台形公式 156
- 5.2 Simpson の公式 157
- 演習問題 159

6 常微分方程式　　161

- 6.1 Runge-Kutta 法 161
- 6.2 Runge-Kutta-Gill 法 163
- 6.3 Milne 法 164
- 6.4 連立常微分方程式 166
- 演習問題 168

7 誤差　　170

- 7.1 入力データに含まれる誤差の影響 170
- 7.2 丸め誤差 171
- 7.3 打ち切り誤差 173
- 7.4 桁落ち誤差 174
- 7.5 計算結果の一般的な検討法 175
- 演習問題 176

索 引　　177

第Ⅰ編　C言語

1　プログラミングの基礎

2　データ型と関数

3　標準入出力関数と演算子

4　分岐処理と繰り返し処理

5　配　列

6　記憶クラスとプリプロセッサ

7　ポインタ

8　構造体と共用体

9　ライブラリ関数

10　ファイル操作

1

プログラミングの基礎

　C言語で書かれたソースプログラムは，コンパイラによって翻訳され，実行モジュールが生成される。C言語の文法を正しく理解し，正確に記述しなければ，コンパイラは間違った解釈をし，その結果，コンパイル時にエラーとなる。コンパイラが意味を取り違え，一見正常な実行モジュールが生成され，実際に実行した時点で不本意な動作となってしまう場合もある。プログラムの不具合のことをバグと呼ぶが，最も多いのが初歩的な部分のバグである。基礎をしっかり固め，次のステップにつなげていこう。

1.1 プログラムの書き方

　本節では，プログラムを書くために最低限必要な知識について示すが，その前にまず，最も単純なサンプルプログラムを実際に作成してみよう。

　プログラム 1-1 は，文を表示する簡単なプログラムである。本書では，その節の内容が理解しやすいように，サンプルプログラムを随所にとりあげているので，その都度，実際に自分で打ち込み，動作させてみて欲しい。

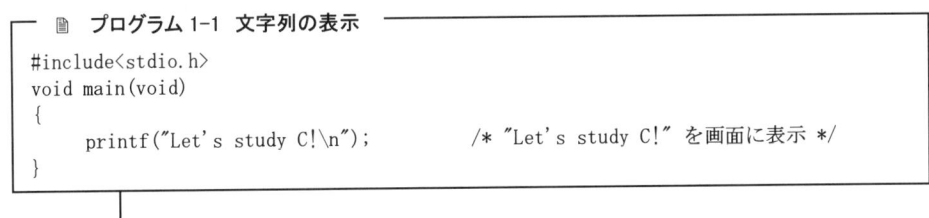

```
┌─ 📄 プログラム 1-1　文字列の表示 ──────────────────┐
│ #include<stdio.h>                                │
│ void main(void)                                  │
│ {                                                │
│     printf("Let's study C!\n");    /* "Let's study C!"を画面に表示 */ │
│ }                                                │
└──────────────────────────────────────────────────┘
                │
                ▼
┌─ 🖥 結果 1-1 ─────────────────────────────────────┐
│ Let's study C!                                   │
└──────────────────────────────────────────────────┘
```

　プログラム 1-1 の 2 行目は main 関数と呼ばれ，プログラムを開始させる役割を持っている。どのようなプログラムでも main 関数は必ず記述しなければならない。

　main 関数に続く中括弧{ }の中に，実行したい式を，順にセミコロン;で区切って書く。ここでは，文字列を画面に表示する関数 printf( )があるのみである。関数については後述するが，ある機能をまとめたものが関数であると理解しておいて欲しい。

　printf( )は，入出力の標準関数と呼ばれるもので，括弧( )の中に""でくくって書かれた文字列を画面に表示する。この標準関数（システム側に組み込まれた関数）を使うためには，stdio.h というファイルに組み込まれているプログラムをインクルード（取り込む）

しなければならない。インクルードについては後述するが，その記述が第1行目である。

printf( )の括弧内の文字列"Let's study C!\n"の最後にある\nは，改行を表す特殊文字である。記号\は，円マーク¥で表示される場合もある（ASCIIコードではバックスラッシュ\，JISコードでは円マーク¥）。

/* と */ でくくられた中身はコメントである。コメント文はコンパイル時には無視されるので，何を書いてもプログラムには影響しない。処理の内容がわかるような説明文を簡潔に書いておくとよい。以上の基本事項をまとめると次のようになる。

文法 1-1 プログラムの書き方

- Cプログラムは，1つまたは複数の関数で構成される。
- プログラムを開始させる関数main( )は，
    void main(void){ }
  の形で書く。
- 実行したい式は中括弧{ }の中に記述し，セミコロン ; を付け，
    式 ;
  の形で実行順に書く。
- コメント文は，記号 /* と */ でくくる。

Cプログラムは，1つまたは複数の関数で構成される。それらの関数の中で，必ず書かなければならないのが，関数main( )である。

  void main(void){ }

関数名の前に，その関数の返り値（関数を呼び出した時，結果として返される値）のデータ型を書かなければならない（データ型の詳細は後述）。main関数の場合，何も値を返さないので，それを表すvoidを書く。

main関数は引数（関数を呼び出す時，その関数に渡される値）もないので，引数を書くべき小括弧( )の中にもvoidを書いて，引数がないことを明確にする。

タブ，キャリッジリターン（改行文字），コメント文はコンパイルする時に無視されるため，プログラム1-1は，下のように一文で書いても同じになる。

  void main(void){printf("Let's study C!\n");}

しかし，他人が見た時のわかりやすさ，自分が見返した時のわかりやすさを考えると，このような記述は好ましくない。C言語は自由記述形式であるので，タブ，字下げ，改行等の書式は自由である。

1.2 コンパイルと実行

プログラム1-1を，コンピュータ上で動作させるためには，まず，コンパイラを使って，機械語に翻訳（コンパイル）する必要がある。コンパイルによって得られたものをオブジェクトモジュールという。

更に，プログラム1-1中のprintf( )のような，処理系で用意されているプログラム（ライブラリ）を使用するために，リンカと呼ばれるソフトウェアを使ってライブラリとオブジェクトモジュールを結合（リンク）する。こうして得られたものが実行モジュールと呼ばれるもので，そのモジュール名称を指定することにより，プログラムを実行することができる。UNIX上でプログラムを作成し，実行するまでの手順を示すと次のようになる。

1. エディタを使い，ソースプログラムを入力する。
2. ソースプログラムを，拡張子「.c」を付けてファイルに保存する。
3. プロンプトから，cc 指令によりコンパイル・リンクする。
4. 実行モジュール a.out ができていることを確認する。
5. プロンプトから，a.out を入力する（実行）。

1.3 コメント文について

プログラムが大規模になるにつれ，複数の人で分割してプログラミングを行ったり，ある人が作成したプログラムを他の人がデバッグ（不具合を取り除くこと）するといったケースがある。また，自分自身がそのプログラムを修正するために，後日見直しをする事も多い。そこで，各ファイルや各関数ごとに，その内容が一目でわかるような見出し用コメント文をつけておくと，後で検索・閲覧する場合に大変便利である。企業などでは，このコメント文のフォーマットが決められている場合も多く，作業効率を上げるための工夫がされている。

下のコメント例では，関数名，機能，入力データと出力データ，作成者，作成日付がわかる。また，コメントの最後の行には，改訂の日付と改訂者が記述されている。

```
/**********************************************************/
/*   <   NAME   >  Get_Average( )                         */
/*   < FUNCTION >  Calculate the average of test results  */
/*   < IN  DATA >  kekka (test results)                   */
/*   < OUT DATA >  heikin (test average)                  */
/*   < CODED BY >  Taro Yamada                            */
/*   <   DATE   >  1999/12/12                             */
/**********************************************************/
/* REVISION   1999/12/30 By Junko Suzuki */
```

演習問題

(1) [簡単なプログラム]　自分の名前を画面に表示するプログラムを作成し，コンパイルと実行を行え。

ヒント：プログラム 1-1 を参照。

(2) [簡単なプログラム]　下の文章を画面に表示するプログラムを作成し，コンパイルと実行を行え。

```
Humpty Dumpty sat on a wall,
Humpty Dumpty had a great fall;
All the king's horses,
All the king's men,
Couldn't put Humpty together again.
```

ヒント：改行を入れたい場所に\n を入れる。画面に表示される行数は printf 文の数には関係ない。\n の個数から行数が決まる。

2 データ型と関数

　Cプログラムで扱うデータは，文字，整数，実数などの型に分類される。その型をデータ型と呼ぶ。プログラム作成時には，扱うデータの型が何であるかを常に意識する必要がある。関数とは，機能をある単位ごとにまとめたものである。関数を有効に活用すると，プログラムが見やすくなり，一度作った関数が別の場面でも部品として利用できる。

2.1 データ型

2.1.1 定数と変数

　プログラム中で扱うデータは，定数と変数に大別される。定数は永久に値が変化しない。変数はその名の通り値が変化する。

　定数は「2」，「-3」，「1.56」といった数値定数と，「a」，「hello」といった文字定数に大別される（正確には，「hello」は文字列定数）。

　変数にも，数値変数，文字変数があり，プログラム中でその型を宣言しなければならない。つまり，その変数をどういった種類のデータに使うかを，あらかじめ明確にする。変数名には，好きな名称を付けることができる。ただし，以下のような制限がある。

- 使用できる文字 … 数字（0〜9），英文字（A〜Z, a〜z），アンダーバー（_）
- 文字数　　　　　… 32文字以下
- 使用できない語 … 予約語

　予約語には，以下のものがある。この他にも，システムによって独自の予約語がある場合もあるので注意して欲しい。

表2-1 予約語

auto	break	case	char	const	continue	default	do
double	else	enum	extern	float	for	goto	if
int	long	register	return	short	signed	sizeof	static
struct	switch	typedef	union	unsigned	void	volatile	while

　変数名には，用途がわかるような文字列を使うと便利である。ただし，関数名やライブラリ名と同じ名称は使用すべきではない。また，大文字やアンダーバー「_」をうまく使うと，プログラムが読みやすくなる。

変数名の例：weight, height, age（個人データの例）
　　　　　　start_x, start_y, end_x, end_y（線分の始終点の例）
　　　　　　WorkTime, RestTime, OverTime（就業時間管理の例）

2.1.2 基本データ型

プログラム中で変数を使用する場合，データ型を指定して，その変数のサイズや値の範囲を明確にしなければならない。

表 2-2 データ型

	データ型	サイズ	扱う値の範囲
整数	int	4 バイト	-2147483648～2147483647
	unsigned int	〃	0～4294967296
	short	2 バイト	-32758～32767
	unsigned short	〃	0～65516
	long	4 バイト	-2147483648～2147483647
	unsigned long	〃	0～4294967296
実数	float	4 バイト	10^{38}～10^{-37}：有効桁数 6～7 桁
	double	8 バイト	10^{308}～10^{-307}：有効桁数 15～16 桁
文字	char	1 バイト	-128～127
	unsigned char	〃	0～255

表 2-2 で，int と long，unsigned int と unsigned long のサイズは同じであるので，long というデータ型は不要のように思われるが，16 ビットマシンの場合，int のサイズが 2 バイトになるため long が有効になる。しかし，現在 16 ビットマシン用のプログラムを作成する機会はほとんどないので，32 ビットマシン用のプログラミングを前提として話を進める。したがって，long は使用しない。なお，unsigned long は unsigned long int，unsigned short は unsigned short int の省略形である。

適切なデータ型を指定しなかった場合，不本意な動作を招くことがある。例えば，date という名称を付けた変数に，年月日を表すデータを次のように，

　　　　1999 年 1 月 29 日 … date = 19990129
　　　　2001 年 9 月 27 日 … date = 20010927

代入する場合を考えてみよう。整数値しかありえないが，一番サイズの小さい short と宣言すると，その範囲を超えてしまう。

char は文字である。文字とは，'a', 'b', 'c' などであるが，コンピュータ内部では数値として扱われる。文字データの「扱う値の範囲」が数値で示されているのはそのためであり，次頁の ASCII コード（American Standard Code for Information Interchange）と呼ばれる変換表に基づき，文字と数値が変換される。

ASCII コード表では，文字 'a'～'z'，'A'～'Z'，'0'～'9' が，順に並んでいる。コード表中の，0～32（10 進）については何も記述してないが，データ通信時に用いる伝送制御コードや，表示・印刷に用いる書式制御コードなどが割り当てられている。

表 2-3 ASCII コード表

10進	16進	文字	10進	16進	文字	10進	16進	文字
32	0x20	[space]	64	0x40	@	96	0x60	`
33	0x21	!	65	0x41	A	97	0x61	a
34	0x22	"	66	0x42	B	98	0x62	b
35	0x23	#	67	0x43	C	99	0x63	c
36	0x24	$	68	0x44	D	100	0x64	d
37	0x25	%	69	0x45	E	101	0x65	e
38	0x26	&	70	0x46	F	102	0x66	f
39	0x27	'	71	0x47	G	103	0x67	g
40	0x28	(	72	0x48	H	104	0x68	h
41	0x29	)	73	0x49	I	105	0x69	i
42	0x2a	*	74	0x4a	J	106	0x6a	j
43	0x2b	+	75	0x4b	K	107	0x6b	k
44	0x2c	,	76	0x4c	L	108	0x6c	l
45	0x2d	-	77	0x4d	M	109	0x6d	m
46	0x2e	.	78	0x4e	N	110	0x6e	n
47	0x2f	/	79	0x4f	O	111	0x6f	o
48	0x30	0	80	0x50	P	112	0x70	p
49	0x31	1	81	0x51	Q	113	0x71	q
50	0x32	2	82	0x52	R	114	0x72	r
51	0x33	3	83	0x53	S	115	0x73	s
52	0x34	4	84	0x54	T	116	0x74	t
53	0x35	5	85	0x55	U	117	0x75	u
54	0x36	6	86	0x56	V	118	0x76	v
55	0x37	7	87	0x57	W	119	0x77	w
56	0x38	8	88	0x58	X	120	0x78	x
57	0x39	9	89	0x59	Y	121	0x79	y
58	0x3a	:	90	0x5a	Z	122	0x7a	z
59	0x3b	;	91	0x5b	[	123	0x7b	{
60	0x3c	<	92	0x5c	\	124	0x7c	|
61	0x3d	=	93	0x5d	]	125	0x7d	}
62	0x3e	>	94	0x5e	^	126	0x7e	~
63	0x3f	?	95	0x5f	_	127	0x7f	DEL

文法 2-1 型宣言の仕方

　型　変数名;　　　または　　　型　変数名1, 変数名2, …;
　　　(例) int x;　　　float height;　　　char c1, c2, c3;

　複数の変数の型が同じ場合，上記 char c1, c2, c3; のようにまとめて宣言することもできる。

プログラム 2-1 数値の表示

```c
#include<stdio.h>
void main(void)
{
    int number, weight, total;          /* 個数，重量，総重量                */

    number = 9;                          /* int 型整数値 number に 9 を代入 */
    weight = 32;                         /* int 型整数値 weight に 32 を代入 */

    total = number * weight + 3;         /* 計算結果を total に代入          */
    printf("TOTAL WEIGHT = %d\n", total); /* total の値を画面に表示          */
}
```

2 データ型と関数

```
┌─ 🖳 結果 2-1 ─────────────────────────────────┐
TOTAL WEIGHT = 291
```

プログラム 2-1 では，型宣言を行った後で各変数に値を代入しているが，int number = 9; のように，型宣言と値の代入を同時に行うこともできる。

```
┌─ 文法 2-2　四則演算と代入 ─────────────────────┐
│・数値の計算には，加算（+），減算（-），乗算（*），除算（/）を使用する。│
│・代入には，記号（=）を使用する。                           │
│・型宣言と値の代入を同時に行うこともできる。                 │
└─────────────────────────────────────────────┘
```

代入では，右辺の値が左辺に代入される。逆はない。

        totalA = totalB = 10;

のように複数の代入がある記述は，一番右辺の値がそのすぐ左側の辺に代入され，次にその値が更に左側の辺に代入され…と続く。したがって，上の文の場合，

        totalB = 10;
        totalA = 10;

と2行に分けて記述しても同じである。

標準関数 printf( ) の書式については後で詳しく説明するが，書式指定"TOTAL WEIGHT =%d\n"の直後に記述されている total が，書式指定中の%d の部分に代入され，画面に表示される。%d（整数）は，出力する値の型に合わせて，%f（実数）や %c（文字）等にしなければならない。

型に注意しなければならない例の一つに，整数値同士の除算がある。整数値として宣言された変数 a と b を使って除算を行う場合を考えてみる。a=105, b=10 の場合，a/b の計算結果は 10.5 となるはずである。ところが，整数型同士の計算結果は整数型となるため，得られた計算結果は 10 となってしまう。次のプログラム 2-2 は，除算結果を実数で正確に得られるように，型宣言をすべて float にしたプログラムである。

```
┌─ 📄 プログラム 2-2　型宣言 ──────────────────────────────┐
#include<stdio.h>
void main(void)
{
    float number = 10.0;              /* float 型 number を宣言し 10.0 を代入 */
    float total = 108.0;              /* float 型 total を宣言し 108.0 を代入 */
    float weight;                     /* float 型 weight を宣言               */

    weight = (total - 3.0) / number;  /* 計算結果を weight に代入 */

    printf(" WEIGHT = %f\n", weight); /* weight の値を画面に表示 */
}
```

```
┌─ 🖳 結果 2-2 ─────────────────────────────────┐
WEIGHT = 10.500000
```

プログラム 2-2 では，個数 number は整数値としたいところだが，weight の計算式中で異なるデータ型同士の演算を避けるために，すべての変数を float としている。また，式中の定数 3.0 も，3 とせずに，実数であることを明確にしている。

異なる型同士の演算や代入は，コンパイル時にエラーとはならないが，ワーニング（警告メッセージ）が出力されるコンパイラもある。コンパイル時にワーニングの出たプログラムは，実行はできるが，その結果は保証されない。

📄 プログラム 2-3　文字の表示

```c
#include<stdio.h>
void main(void)
{
    char moji1, moji2;                 /* 文字 */

    moji1 = 'a';                       /* char 型データ moji1 に 'a' を代入 */
    moji2 = 'A';                       /* char 型データ moji2 に 'A' を代入 */
                                       /* 画面に表示                        */
    printf("NO1 = %c, NO2 = %c, NO3 = %c\n", moji1, moji2, moji2+2);
}
```

🖥 結果 2-3

```
NO1 = a, NO2 = A, NO3 = C
```

'a' や 'A' は文字定数である。文字定数はシングルクオーテーション '' で囲む。「ABCDE」など複数の文字から成る文字列は，char 型の 'a' のような単一文字とは扱いが異なり，

　　　　mojiretsu = 'ABCDE';

などという記述はできない。これについては，後述の配列の概念が必要となるため，後で詳しく説明する。ここでは，char 型は単一文字と理解しておいて欲しい。printf の " " 中に出てきた %c は，文字を表示する書式指定子である。

printf の ( ) 内の最後には moji2+2 が記述されている。文字はコンピュータ内部では数値で表されるため，moji2 つまり 'A' は 65 である（ASCII コード表参照）。したがって，moji2+2 は 67 となり，ASCII コード表で変換すると 'C' となる。

2.1.3　エスケープシーケンス

前項で，文字定数は 'a' や 'A' のように記述することを示した。printf( ) が初めて出てきた時にも少し触れたが，文字には，普通の文字以外に，「改行」「タブ」等の特殊文字がある。特殊文字を表すために，次のようなエスケープシーケンスを使う。エスケープシーケンスは，バックスラッシュ \ もしくは円マーク ¥ の後に 1 文字を付けて表す。バックスラッシュと円マークのどちらを使用するかは，コンピュータのシステムに依存する。

表 2-4　エスケープシーケンス

\n	改行	\f	フォームフィード（改頁）
\t	次のタブまで移動	\\	バックスラッシュ
\b	バックスペース（後退）	\'	シングルクオーテーション
\r	キャリッジリターン（復改）	\0	ヌル文字

2 データ型と関数

エスケープシーケンスは，次のプログラム 2-4 のように，printf( ) の文字列の中に埋め込んで通常使用する。

```
┌─ 📄 プログラム 2-4 エスケープシーケンス ─────────────────
#include<stdio.h>
void main(void)
{
    printf("ABCDEFGHIJKLMNOPQRSTUVWXYZ\n");
    printf("ABCDEFG\nHIJKLMN\nOPQRSTU\nVWXYZ\n");
    printf("ABCDEFG\tHIJKLMN\tOPQRSTU\tVWXYZ\n");
}
```

```
┌─ 💻 結果 2-4 ─────────────────
ABCDEFGHIJKLMNOPQRSTUVWXYZ
ABCDEFG
HIJKLMN
OPQRSTU
VWXYZ
ABCDEFG    HIJKLMN    OPQRSTU    VWXYZ
```

1行目の printf( ) は，文字列の最後に改行が入っているので，2番目の printf( ) の出力が次の行になっている。2番目，3番目の printf( ) は，文字列の途中にそれぞれ改行，タブが入っているので，結果2-4のような表示となる。

2.1.4 データ型名の別名定義（typedef 文）

前述の「unsigned int」のデータ型のような比較的長い名前に，別名を割り当てる方法がある。そうすることにより，頻繁に使用するデータ型名の入力が簡略化でき，入力ミスも減らすことができる。

```
┌─ 文法 2-3 typedef 文 ─────────────────
    typedef  変更前のデータ型名  新しいデータ型名
    (例) typedef unsigned int UINT;
```

typedef を使ったプログラムの例をみてみよう。

```
┌─ 📄 プログラム 2-5 typedef ─────────────────
#include<stdio.h>

typedef unsigned int UINT;              /* unsigned int → UINT        */
typedef unsigned short USHORT;          /* unsigned short → USHORT    */

void main(void)
{
    UINT a;                             /* unsigned int の変数 a を宣言   */
    USHORT b;                           /* unsigned short の変数 b を宣言 */

    a = sizeof(UINT);                   /* UINT のサイズ(バイト数)を得る   */
    b = sizeof(USHORT);                 /* USHORT のサイズ(バイト数)を得る */

    printf("UINT SIZE = %dbyte, USHORT SIZE = %dbyte\n", a, b);   /* 表示 */
}
```

> **🖥 結果 2-5**
> UINT SIZE = 4byte, USHORT SIZE = 2byte

プログラム中の sizeof( )は，データ型や変数のサイズ（バイト数）を求める演算子である。この演算子については3章で説明する。

2.1.5　型変換

整数値を実数値に変換，実数値を整数値に変換など，データの型を変換することをキャストという。int 型の整数値を float 型の変数に代入するコードを書いた場合，システムが自動的に型変換を行う。しかし，正しく理解せずにそのようなコードを書くと，バグの原因になるので，避けた方が無難である。型変換を行う場合は，キャストを明示的に記述した方がよい。プログラム 2-6 で確認してみよう。

> **文法 2-4　型変換**
> 　　式　＝　(型) 式;　　　　(例) x = (float)i;

> **📄 プログラム 2-6　型変換**
> ```c
> #include<stdio.h>
> 
> void main(void)
> {
>     float x = 3.3;              /* float 型の変数 x を宣言し実数 3.3 を代入 */
>     int i, j;                   /* int 型の変数 i, j を宣言 */
> 
>     i = x;                      /* i に x の値を代入 */
>     j = (int)x;                 /* 明示的にキャスト */
> 
>     printf("i = %d, j = %d\n", i, j);   /* i と j の値を表示 */
> }
> ```

> **🖥 結果 2-6**
> i = 3, j = 3

プログラム 2-6 では，i = x;の行で，自動的に型変換が行われる。異なるデータ型同士で代入が行われているので，コンパイル時にワーニングが出ることもある。しかし，エラーではないので実行は可能である。また，j = (int)x;の行では，型変換を明示的に行っている。どちらも出力は同じである。

プログラム 2-2 について，型変換をもう一度考えてみよう。便宜上，プログラム 2-2 では number（個数）も float にしたが，実際は，number（個数）は int 型，weight（重量）は float 型としたい。

次のプログラム 2-7 のように，正確な計算結果が得られるように，キャストを明示的に記述する方がよい。

2 データ型と関数

プログラム 2-7 計算時のキャスト

```c
#include<stdio.h>
void main(void)
{
    int number;                         /* 個数   */
    float total;                        /* 総重量 */
    float weight;                       /* 重量   */

    number = 10;                        /* int 型 number に 10 を代入     */
    total = 108.0;                      /* float 型 total に 108.0 を代入 */
                                        /* 計算結果を weight に代入       */
    weight = (total - 3.0)/(float)number;
    printf(" WEIGHT = %f\n", weight);   /* weight の値を画面に表示        */
}
```

結果 2-7

```
WEIGHT = 10.500000
```

2.2 関数

2.2.1 関数の概念

　関数とは，あるひとまとまりの処理である。適切なまとまり毎に関数を作る（関数化する）ことで，プログラムが理解しやすくなる。また，その関数を他のプログラムで利用することができ，作業の効率化も図れる。前述の printf( ) 等の標準関数もその名の通り関数である。標準関数も自分で作成した関数も形式は同じである。

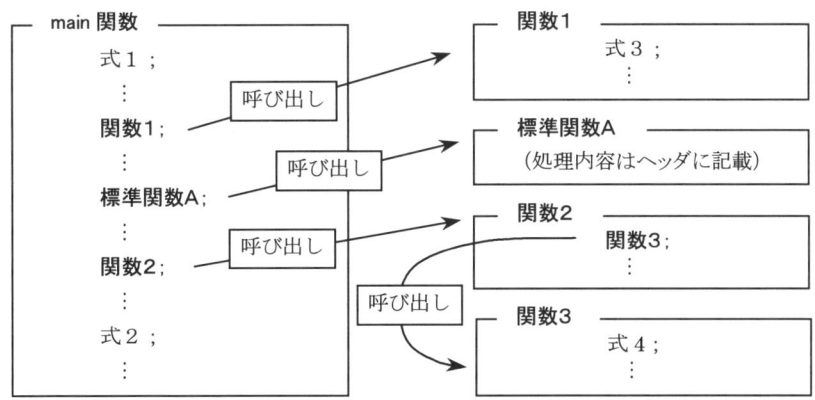

　上の図は，関数の構成イメージである。プログラムを開始させる関数 main の中に，式や関数の呼び出し部を記述する。呼び出す関数の処理内容は，main とは別の場所に関数本体として記述し，その中に，main と同じように，式や関数の呼び出し部を実行順に記述する。関数本体の中で関数を呼び出すといった入れ子構造も可能である。

　printf( ) 等の標準関数も，自分で作成した関数と同じように呼び出す。その処理については，ヘッダファイル（printf( ) の場合はヘッダ stdio.h）に記述されているため，標準関数を呼び出す時には該当するヘッダファイルをインクルードしなければならない。

関数の構成イメージを，実際のプログラム 2-8 で見てみよう。

📄 プログラム 2-8　関数の概念

```c
#include<stdio.h>
void PrintFunc1(void);              /* 関数 PrintFunc1( )の型宣言 */
void PrintFunc2(void);              /* 関数 PrintFunc2( )の型宣言 */
void PrintFunc3(void);              /* 関数 PrintFunc3( )の型宣言 */
void PrintFunc4(void);              /* 関数 PrintFunc4( )の型宣言 */

/* ---------------------------- main 関数 -------------------------------- */
void main(void)
{
    printf("Start!!\n");                    /* 標準関数 printf( )     */
    PrintFunc1();                           /* 自分で作成した関数その1 */
    PrintFunc2();                           /* 自分で作成した関数その2 */
    PrintFunc3();                           /* 自分で作成した関数その3 */
    printf("Func Test Has Finished!\n");    /* 標準関数 printf( )*/
}

/* ---------------------------- PrintFunc1 の本体 ------------------------ */
void PrintFunc1(void)
{
    printf("This is PrintFunc1\n");         /* 標準関数 printf( )*/
}

/* ---------------------------- PrintFunc2 の本体 ------------------------ */
void PrintFunc2(void)
{
    printf("This is PrintFunc2\n");         /* 標準関数 printf( )*/
}

/* ---------------------------- PrintFunc3 の本体 ------------------------ */
void PrintFunc3(void)
{
    printf("This is PrintFunc3\n");         /* 標準関数 printf( )*/
    PrintFunc4();                           /* 自分で作成した関数その4 */
}

/* ---------------------------- PrintFunc4 の本体 ------------------------ */
void PrintFunc4(void)
{
    printf("This is PrintFunc4\n");         /* 標準関数 printf( )*/
}
```

🖥 結果 2-8

```
Start!!
This is PrintFunc1
This is PrintFunc2
This is PrintFunc3
This is PrintFunc4
Func Test Has Finished!
```

プログラム 2-8 の先頭 2～5 行は，自分で作成した関数の型宣言である。変数と同様，関数も型宣言をしてからでないと使用できない。また，PrintFunc3( )の中で PrintFunc4( )を呼び出したように，関数は入れ子にすることもできる。

2.2.2 関数の書式

関数は，一定の書式に従って記述しなければならない。

文法 2-5 関数の書式

＜関数の型宣言の記述形式＞
返り値の型　関数名(引数1の型，引数2の型，…);

＜関数本体の記述形式＞
返り値の型　関数名(引数1の型　引数1，引数2の型　引数2，…)
{
　　式1；
　　式2；　　　｝関数の中身
　　…；
　　return 返り値；　　（または，return(返り値);）
}

関数が呼び出され，その本体内の処理が終了すると，return 文で，呼び出し元の関数に戻る。return 文には1つだけ値を記述することができ，この値を返り値という。呼び出し元の関数が，その返り値を受け取る。返り値のデータ型は，関数の宣言時に関数の型として宣言する。一方，値を返さない関数もある。その場合，関数のデータ型は void とする。void 型の関数には return 文がないか，返り値のない return 文（return;）が使われる。

関数名に続く括弧の中には，1つまたは複数の引数を記述する。引数とは，その関数が呼び出された時に，その関数に渡される値のことである。引数のデータ型は，関数の宣言時と，関数本体を記述する時に宣言する。

返り値と引数に着目して，次のプログラムを見てみよう。

プログラム 2-9 返り値と引数

```c
#include<stdio.h>
int GetTotal(int, int);                 /* 関数 GetTotal( )の型宣言 */

/* --------------------------- main 関数 --------------------------------- */
void main(void)
{
    int number1, number2;               /* 数1，数2の型宣言 */
    int total;                          /* 求めたい合計      */
    number1 = 10;
    number2 = 15;
    total = GetTotal(number1, number2); /* 合計を得る関数    */
    printf("TOTAL = %d\n", total);      /* 標準関数 printf( ) */
}
/* --------------------------- GetTotal の本体 --------------------------- */
int GetTotal(int x, int y)
{
    int z;
    z = x + y;
    return(z);                          /* 値 z を関数から返す */
}
```

結果 2-9

```
TOTAL = 25
```

プログラム 2-9 では，2 つの引数の合計を求める関数 GetTotal( ) を作成した。まず，GetTotal( ) の本体の記述についてみてみよう。2 つの引数は，どちらも int 型の整数値で，変数名を x, y とした。また，この関数は int 型の整数値を返すので，関数名の前に int が付いている。

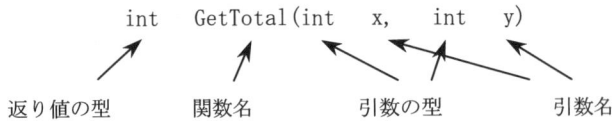

関数 GetTotal( ) の最後の行 return(z) は，計算から求めた z の値を関数から返し，その関数を呼び出した位置に戻す。

次に，関数 GetTotal( ) を呼び出している部分を見てみよう。

```
total = GetTotal(number1, number2);
```

括弧 ( ) 内にある 2 つの引数 number1, number2 は，直前の式で整数値 10, 15 がそれぞれ代入されているので，10 と 15 が引数として，関数 GetTotal( ) の x と y に渡されたことになる。また，返り値の値を total に代入しているので，total は 25 となる。

2.2.3 再帰呼び出し

関数の中で関数を呼び出す入れ子構造も可能である。また，関数は何度でも呼び出すことができる。このことから，関数の中で自分自身を呼び出すことも可能である。これを再帰呼び出しといい，ある種のプログラムでは，記述が簡潔になり，大変有効な手段である。

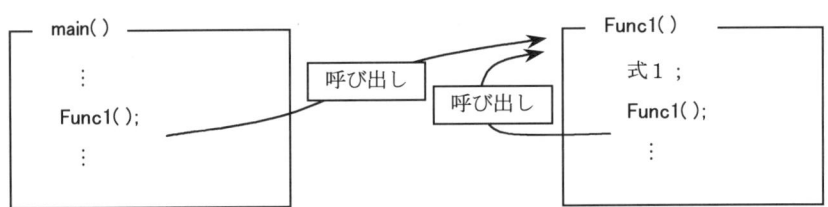

上のイメージ図の場合，main 関数から Func1( ) が呼び出されると，Func1( ) の本体内に記述された式 1 が実行される。式 1 の次の行では Func1( ) が呼び出されているため，再び Func1( ) の第 1 行目の式 1 が実行され，引き続き Func1( ) が呼び出される。

この説明では，呼び出しが無限に続くように思われるが，実際のプログラミングでは，条件判断等で main( ) 関数に戻れるような仕組みを作っておく必要がある。再帰呼び出しで不適切な記述を行うと，無限ループに陥り，プログラムが暴走する危険がある。再帰呼び出しが有効な例として，次のプログラム 2-10 を見てみよう。このプログラムでは，ベキ乗を求める関数 GetBekijyo( ) を作成し，5 の 3 乗を求めて表示している。

2 データ型と関数

📄 プログラム 2-10 再帰呼び出し

```c
#include<stdio.h>
int GetBekijyo(int, int);                          /* 関数 GetBekijyo( )の型宣言 */

/* ------------------------------ main 関数 ------------------------------ */
void main(void)
{
    int number1, number2;                          /* 数1，数2の型宣言      */
    int kekka;                                     /* ベキ乗の計算結果      */

    number1 = 5;
    number2 = 3;

    kekka = GetBekijyo(number1, number2);          /* ベキ乗を得る関数      */
    printf("%d no %d jyo = %d\n", number1, number2, kekka);   /* 表示       */
/* ------------------------------ GetBekijyo の本体 ------------------------------ */
int GetBekijyo(int x, int y)
{
    int z;

    if(y == 1)                                     /* 第2引数 y が1の場合 */
        return(x);                                 /* 値 x を関数から返す  */

    z = x*GetBekijyo(x, y-1);                      /* GetBekijyo( )の再帰呼び出し*/
    return(z);                                     /* 値 z を関数から返す  */
}
```

🖥 結果 2-10

```
5 no 3 jyo = 125
```

関数 GetBekijyo()は，引数がそれぞれ 5, 3 として，main 関数から呼び出されている。関数内では，第2引数を1減らした状態で GetBekijyo( )の再帰呼び出しを行っている。こうして，順次再帰呼び出しが行われていくが，第2引数が1になった時点で再帰呼び出しを終了している。

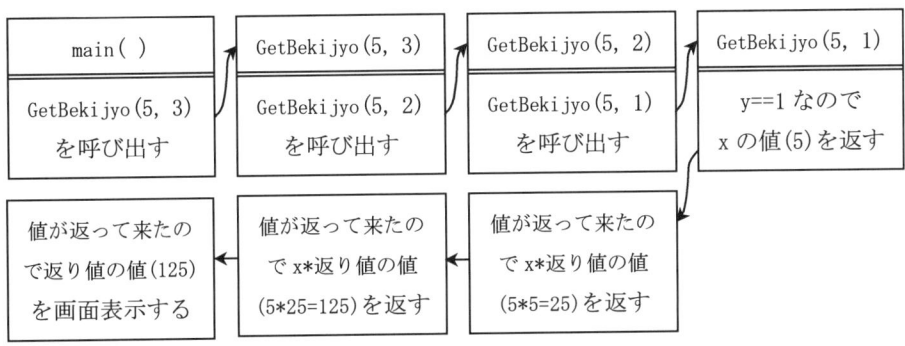

再帰呼び出しを行う関数では，関数を抜けるための条件文（上例では if(y==1)）が必要であり，その条件文は，再帰呼び出しを繰り返す間に，必ず真となるようにしなければならない。

演習問題

(1) [データ型と四則演算] 一個あたりの重量 13 の箱が 7 個ある場合に，総重量を求めるプログラムを作成せよ．扱う変数のデータ型はすべて int とする．　　(答) 91

ヒント：プログラム 2-1 を参照．

(2) [型変換] (1)で作成したプログラム中で扱う変数のデータ型を，個数は int，重量と総重量は float に変更せよ．　　　　　　　　　　　　　　　　　　　(答) 91.00000

ヒント：プログラム 2-7 を参照．

注　意：printf( )の書式指定中にある %d を %f に変更するのを忘れないように！

(3) [関数の作成と呼び出し] (2)で作成したプログラムで，個数と重量から総重量を求める部分を関数化せよ．　　　　　　　　　　　　　　　　　　　　　　(答) 91.00000

ヒント：プログラム 2-9 を参照．

注　意：関数の型宣言を忘れないように！

(4) [再帰呼び出し] 5 の階乗を求めて画面に表示するプログラムを作成せよ．

(答) 120

ヒント：プログラム 2-10 を参照．5 の階乗 ＝ 5*4*3*2*1

(5) [応用問題] 摂氏 C を入力し，これを華氏 F と絶対温度 K に換算せよ．ただし，換算式は，それぞれ F = 32.0 + 1.8C，K = 273.16 + C とし，華氏および絶対温度を求める部分は，それぞれ関数化すること．

(例答) C = 25 の場合，F = 77.00000，K = 298.16000

ヒント：プログラム 2-9 を参照．

注　意：データ型に注意すること！

3 標準入出力関数と演算子

1章で，画面に文字列を表示する関数 printf( ) を扱った。この printf( ) は，標準入出力関数の1つである。Cプログラムでは，画面への出力や，キーボードからの入力を行うための標準入出力関数が用意されている。本章では，最もよく使われる標準入出力，つまりキーボードからの入力と画面への出力を行う関数について述べる。また，プログラムを作成する上で便利な演算子のうち，基本的なものについても示す。

3.1 標準出力関数

画面への出力を行う putchar( ) と printf( )，キーボードからの入力を行う getchar( ) と scanf( ) について示す。getchar( ) と putchar( ) は1文字の入力と出力，scanf( ) と printf( ) は文字列の入力と出力で，それぞれ対をなす関数である。

3.1.1 putchar( )

putchar( ) は指定された1文字を画面に表示する。

文法 3-1 putchar( )

```
#include <stdio.h>
int c;
putchar(c);
```

標準入出力関数を使う場合，ヘッダ stdio.h を必ずインクルードしなければならない。所定のヘッダのインクルードを忘れると，コンパイル時にエラーとなる。なお，stdio.h の stdio とは，standard I/O (= 標準入出力) を意味する。

putchar( ) は文字を出力すると述べたが，引数の型は int である。2章でも述べたように，コンピュータ内部では，文字は数値として扱われる。

プログラム 3-1 putchar( )

```
#include<stdio.h>
void main(void)
{
    int c;                  /* 変数cの宣言            */

    c = 'A';                /* 変数cに文字 'A' を代入 */
    putchar(c);             /* 変数cの値を画面に表示  */

    putchar('A');           /* 文字 'A' を画面に表示  */
}
```

結果 3-1
```
AA
```

プログラム3-1では，変数cの値 'A' を画面に表示し，次に直接 'A' を putchar( )の引数として与えて画面に表示している。

3.1.2　printf( )

これまでのサンプルプログラムでも何度か取り上げたが，指定された文字列を画面に出力する標準関数が printf( )である。変数を引数とし，その書式を指定して，変数の値を含む文字列を自由に表示することができる。また，単に変数を含まない文字列を表示することもできる。

文法 3-2　printf( )
```
#include <stdio.h>
printf("出力文字列");
```

または

```
#include <stdio.h>
printf("出力書式", 変数1, 変数2, 変数3, …);
```

ダブルクォーテーションで囲まれた出力文字列は，画面にそのまま出力される。また，出力書式の中には，埋め込む変数の書式指定子を記述する。書式指定子とは，変数を画面上にどのように表示するかを指定するもので，表示する変数のデータ型，出力幅，小数桁数，表示形式(左詰め・右詰めなど)などの情報を含む。

表 3-1　printf( )の書式指定子

書式指定子	扱うデータ	書式指定子	扱うデータ
%c	char	%hd	short int
%s	文字列へのポインタ（後述）	%d	int
%f	float/double（実数表示）	%ld	long int
%e	float/double（指数表示）	%u	unsigned int
%g	float/double（f/eを自動選択）	%x	16進数
%p	ポインタ(後述)	%o	8進数

プログラム 3-2　printf( )
```
#include<stdio.h>
void main(void)
{
    int x, y, z;                    /* 変数の宣言                    */

    x = 10;                         /* x に 10 を代入                */
    y = 3;                          /* y に 3 を代入                 */
    z = x + y;                      /* x + y の計算結果を z に代入   */
    printf("%d + %d = %d\n", x, y, z);  /* x, y, z の値を表示        */
}
```

結果 3-2
```
10 + 3 = 13
```

プログラム3-2では，int型の3つの変数x, y, zの値を文字列に埋め込んで表示している。この例のように，書式指定子の並び順は，引数の変数の並び順に対応させる。

また，次の表3-2に示す特殊文字は，出力書式中に記述する際に，特別な書き方をする必要がある。

表 3-2 特殊文字

表示したい文字	呼び名	記述方法
\	バックスラッシュ(円マーク)	\\
'	シングルクォーテーション	\'
"	ダブルクォーテーション	\"
%	パーセント	%%

エスケープシーケンスの項でも触れたが，表3-2の\は，システムによってバックスラッシュもしくは円マークのどちらかになる。バックスラッシュはASCIIコードによるもので，円マークはJISコードによるものである。改行，タブ移動などの出力制御を行うエスケープシーケンスも，printf( )の出力書式中で使用することができる。

また，必要に応じて，書式指定子に出力幅や小数点以下の桁数，左詰めにするかどうかなどを指定することができる。

文法 3-3 出力幅の指定
dやfなどの書式指定子の直前に，出力幅や小数点の桁数の指定を記述する。
（例）Δはスペース
```
    %7s    … 7桁の出力幅を指定。  (ΔΔΔabcd, Δabcdef, etc.)
    %5d    … 5桁の出力幅を指定。  (ΔΔ348, Δ3544, etc.)
    %05d   … 5桁の出力幅を指定し，空白を0で埋める。  (00348, 02549, etc.)
    %8.2f  … 8桁の出力幅を指定し，小数点以下2位までを表示。  (ΔΔ348.59, etc.)
    %.3f   … 小数点以下3位までを表示。  (5.789, 23.000, etc.)
```

文法 3-4 左詰め
書式指定子の出力幅指定の直前に，- を記述する。
（例）Δはスペース
```
    %-7s   … 7桁の出力幅を指定し，左詰めで表示。  (abcdΔΔΔ, abcdefΔ, etc.)
    %-5d   … 5桁の出力幅を指定，左詰めで表示。  (348ΔΔ, 3544Δ, etc.)
```

プログラム 3-3 文字変数の書式指定
```c
#include<stdio.h>
void main(void)
{
    char c = 'A';                       /* 文字変数cを宣言し，'A'を代入 */
    char str[] = "ABCDE";               /* 文字列変数str[]を宣言し，"ABCDE"を代入 */

    printf("|%c|%3c|%-3c|%d|\n", c, c, c, c);
    printf("|%s|%7s|%-7s|\n", str, str, str);
}
```

結果 3-3 （注：Δはスペース）

|A|ΔΔA|AΔΔ|65|
|ABCDE|ΔΔABCDE|ABCDEΔΔ|

プログラム 3-3 では，char 型の変数と文字列変数を様々な形式で表示している。文字列変数の宣言

　　　　　chat str[] = "ABCDE";

の意味については 5 章で述べるので，ここでは単に文字列変数の宣言および初期値の代入としてとらえておいて欲しい。1 つ目の printf() 中で，縦棒で区切られた最後の項目の %d では，'A' の ASCII コード 65 が表示される。

次のプログラム 3-4 は，整数変数の様々な書式指定である。

プログラム 3-4　整数変数の書式指定

```
#include<stdio.h>
void main(void)
{
    int n = 123;                          /* 整数変数 n を宣言し，123 を代入 */

    printf("|%d|%5d|%-5d|%05d|\n", n, n, n, n);
}
```

結果 3-4 （注：Δはスペース）

|123|ΔΔ123|123ΔΔ|00123|

次のプログラム 3-5 では，実数変数の様々な書式指定を行っている。実数の表示には，実数表示と指数表示がある。プログラム中では，実数表示と指数表示のそれぞれについて，様々な出力を行っている。縦棒で区切られた各項目の出力を，その書式指定と比較して確認して欲しい。

プログラム 3-5　実数変数の書式指定

```
#include<stdio.h>
void main(void)
{
    double x = 123.45;      /* 倍精度実数変数 x を宣言し，123.45 を代入 */

    printf("|%f|%13f|%-13f|%12.5f|%8.1f|%6.0f|\n", x, x, x, x, x, x);
    printf("|%e|%13e|%-13e|%12.5e|%8.1e|%6.0e|\n", x, x, x, x, x, x);
}
```

結果 3-5 （注：Δはスペース）

|123.450000|ΔΔΔ123.450000|123.450000ΔΔΔ|ΔΔΔ123.45000|ΔΔΔ123.5|ΔΔΔ123|
|1.234500e+02|Δ1.234500e+02|1.234500e+02Δ|Δ1.23450e+02|Δ1.2e+02|Δ1e+02|

3.2 標準入力関数

キーボードからの入力を行う getchar( ) と scanf( ) について示す。

3.2.1 getchar( )

getchar( ) はキーボードから入力された 1 文字を取り込む。

```
─ 文法 3-5  getchar( ) ─
#include <stdio.h>
int c;
c = getchar( );
```

getchar( ) で 1 文字を取り込み，putchar( ) で画面に表示する次のサンプルプログラムを見てみよう。

```
─ ▤ プログラム 3-6  getchar( ) ─
#include<stdio.h>
void main(void)
{
    int c;                      /* 変数 c の宣言              */

    c = getchar( );             /* 入力した文字を変数 c に代入 */
    putchar(c);                 /* 変数 c の値を画面に表示     */
}
```

↓ A を入力

```
─ 🖳 結果 3-6 ─
A
```

3.2.2 scanf( )

指定された書式の文字列を取り込む標準関数が scanf( ) である。変数を引数とし，その書式を指定して，変数の値を含む文字列を自由に取り込むことができる。その記述方法は printf( ) と同じである。変数の前にある「&」はポインタを表す記号である。ポインタについては 7 章で詳しく説明するが，ここでは，変数に値を取り込む場合の決まりととらえておいて欲しい。

```
─ 文法 3-6  scanf( ) ─
#include <stdio.h>
scanf("入力書式", &変数 1, &変数 2, &変数 3, …);
```

表 3-3 scanf( ) の書式指定子

書式指定子	扱うデータ	書式指定子	扱うデータ
%c	char	%hd	short int
%s	文字列へのポインタ（後述）	%d	int
%f	float	%ld	long int
%lf	double		

プログラム 3-7 scanf( )

```c
#include<stdio.h>
void main(void)
{
    int x, y, z;                        /* 変数の宣言                    */

    scanf("%d %d", &x, &y);             /* x, y を xΔy の形式で取り込む */

    z = x + y;                          /* x + y の計算結果を z に代入   */
    printf("%d + %d = %d\n", x, y, z);  /* x, y, z の値を表示            */
}
```

4Δ7 を入力（注：Δはスペース）

結果 3-7

```
4 + 7 = 11
```

文法 3-7 入力桁数の指定

d や f などの書式指定子の直前に，入力の全桁数の指定を記述する。
 （例）
    %7s … 7 桁の入力を指定。
    %5d … 5 桁の入力を指定。

プログラム 3-8 入力桁数の指定

```c
#include<stdio.h>
void main(void)
{
    int x, y, z;                        /* 変数の宣言                     */

    printf("Input ten-digit number.\n");

    scanf("%3d%2d%5d", &x, &y, &z);     /* x, y, z を指定桁数分取り込む  */
    printf("|%d|%d|%d|\n", x, y, z);    /* x, y, z の値を表示            */
}
```

1234567890 を入力

結果 3-8

```
Input ten-digit number.
|123|45|67890|
```

3.3 演算子

演算子とは，あるデータに対して特定の演算を行わせるための記号である。C 言語には 40 種類以上の演算子があるが，本書では，その中でもよく使われるものについて示す。

3.3.1 算術演算子

四則演算を行う算術演算子のうちのいくつかは，これまでに作成したプログラム中で何度も使用している。ここで，もう一度算術演算子についてまとめておく。加減乗除の 4 つの演算子に加え，除算の余りを求める剰余演算子がある。

3 標準入出力関数と演算子

表 3-4 算術演算子

演算子	例	例の意味
+	a + b	aにbを加える（加算）
-	a - b	aからbを引く（減算）
*	a * b	aにbを掛ける（乗算）
/	a / b	aをbで割る（除算）
%	a % b	aをbで割った余り（剰余算）　ただし, a, bは整数

プログラム 3-9 算術演算子

```
#include<stdio.h>
void main(void)
{
    int a, b, x, y;                     /* 変数の宣言                    */
    scanf("%d %d", &a, &b);             /* a, bをaΔbの形式で取り込む */

    x = a + b;                          /* 加算 */
    printf("%d + %d = %d\n", a, b, x);

    x = a - b;                          /* 減算 */
    printf("%d - %d = %d\n", a, b, x);

    x = a * b;                          /* 乗算 */
    printf("%d * %d = %d\n", a, b, x);

    x = a / b;                          /* 除算 */
    y = a % b;                          /* 剰余算 */
    printf("%d / %d = %d...%d\n", a, b, x, y);
}
```

23Δ4 を入力（注：Δはスペース）

結果 3-9

```
23 + 4 = 27
23 - 4 = 19
23 * 4 = 92
23 / 4 = 5...3
```

3.3.2 代入演算子（複合代入演算子）

式 a = b 中の記号 = は，右辺の値を左辺に代入する演算子である。この代入演算子に，算術演算子を組み合わせて，プログラムを簡潔に記述することができる。

表 3-5 代入演算子

演算子	例	例の意味
=	a = b	bをaに代入（代入）
+=	a += b	aにbを加えた値をaに代入（加算+代入）
-=	a -= b	aからbを引いた値をaに代入（減算+代入）
*=	a *= b	aにbを掛けた値をaに代入（乗算+代入）
/=	a /= b	aをbで割った値をaに代入（除算+代入）
%=	a %= b	aをbで割った余りをaに代入（剰余算+代入） ただし, a, bは整数

式 a += b は，式 a = a + b と同じ意味である。計算結果が a に代入されるため，a の値が変わることに注意して欲しい。その他の複合代入演算子についても同様である。

プログラム 3-10 代入演算子

```c
#include<stdio.h>
void main(void)
{
    int a = 15;                              /* 変数の宣言と初期化 */
    int b = 4;

    a += b;                                  /* 加算と代入   */
    printf(" += TEST a = %d b = %d\n", a, b);

    a -= b;                                  /* 減算と代入   */
    printf(" -= TEST a = %d b = %d\n", a, b);

    a *= b;                                  /* 乗算と代入   */
    printf(" *= TEST a = %d b = %d\n", a, b);

    a /= b;                                  /* 除算と代入   */
    printf(" /= TEST a = %d b = %d\n", a, b);

    a %= b;                                  /* 剰余算と代入 */
    printf(" %%= TEST a = %d b = %d\n", a, b);
}
```

結果 3-10

```
+= TEST a = 19 b = 4
-= TEST a = 15 b = 4
*= TEST a = 60 b = 4
/= TEST a = 15 b = 4
%= TEST a = 3 b = 4
```

プログラム 3-10 では，四則演算の結果を a に順次代入しているため，a の値が各出力行で異なっている。b には代入が行われていないので，値は常に同じである。

3.3.3 インクリメント演算子とデクリメント演算子

変数に 1 を加えるための演算子をインクリメント演算子，1 を引くための演算子をデクリメント演算子と呼ぶ。

表 3-6 インクリメント演算子とデクリメント演算子

演算子	例	例の意味
++	++a または a++	a に 1 を加える
--	--a または a--	a から 1 を引く

式 ++a は，式 a = a + 1 と同じ意味である。同様に，式 --a は，a = a - 1 と同じ意味である。a の値が変わることに注意して欲しい。

3 標準入出力関数と演算子

プログラム 3-11 インクリメント演算子とデクリメント演算子（その 1）

```
#include<stdio.h>
void main(void)
{
    int a, b;                        /* 変数の宣言   */
    a = b = 10;                      /* 変数の初期化 */

    ++a;                             /* a に 1 を加える */
    --b;                             /* b から 1 を引く */
    printf("a = %d b = %d\n", a, b);

    a++;                             /* a に 1 を加える */
    b--;                             /* b から 1 を引く */
    printf("a = %d b = %d\n", a, b);
}
```

結果 3-11

```
a = 11 b = 9
a = 12 b = 8
```

プログラム 3-11 では，++や--を変数の前につけた場合と後につけた場合は，共に同じ動作をしているように見える。しかし，実際には意味が異なる。注意を払う必要のあるケースの例として，次のプログラム 3-12 と 3-13 を比較してみよう。

プログラム 3-12 インクリメント演算子とデクリメント演算子（その 2）

```
#include<stdio.h>
void main(void)
{
    int a, b, c, d;                  /* 変数の宣言   */
    a = b = 10;                      /* 変数の初期化 */

    c = ++a;                         /* a に 1 を加え，c に代入   */
    d = --b;                         /* b から 1 を引き，d に代入 */
    printf("a = %d b = %d c = %d d = %d\n", a, b, c, d);
}
```

結果 3-12

```
a = 11 b = 9 c = 11 d = 9
```

プログラム 3-13 インクリメント演算子とデクリメント演算子（その 3）

```
#include<stdio.h>
void main(void)
{
    int a, b, c, d;                  /* 変数の宣言   */
    a = b = 10;                      /* 変数の初期化 */

    c = a++;                         /* c に a を代入後，a に 1 を加える */
    d = b--;                         /* d に b を代入後，b から 1 を引く */
    printf("a = %d b = %d c = %d d = %d\n", a, b, c, d);
}
```

```
┌─ 🖥 結果 3-13 ─────────────────────┐
│ a = 11 b = 9 c = 10 d = 10         │
└────────────────────────────────────┘
```

プログラム 3-12 と 3-13 の結果からわかるように，プログラム 3-13 中の式

　　　　c = ++a;

は，次の2式

　　　　a = a + 1;
　　　　c = a;

と同じ意味である。また，プログラム 3-13 中の式

　　　　c = a++;

は，次の2式

　　　　c = a;
　　　　a = a + 1;

と同じ意味である。

3.3.4 キャスト演算子

キャスト演算子とは，型変換に使用される(float)や(int)などの演算子であり，型変換演算子とも呼ばれる。

```
┌─ 文法 3-8 キャスト演算子 ──────────┐
│   (型) 式 ;                         │
│   (例) (float)i;                    │
└────────────────────────────────────┘
```

型変換，キャストについては，2.1.5項を参照して欲しい。

3.3.5 関係演算子と論理演算子

2つの値の関係を表現したり，複数の条件を組み合わせるのに使用するものが，関係演算子や論理演算子である。条件式中で使用され，式自体が値を持つ。

表 3-7 関係演算子

演算子	例	例の意味	※1	※2
==	a == b	aはbに等しい	1	1以外
!=	a != b	aはbに等しくない	1	1以外
<	a < b	aはbより小さい	1	0
>	a > b	aはbより大きい	1	0
<=	a <= b	aはb以下	1	0
>=	a >= b	aはb以上	1	0

※1：条件を満たす場合に式が持つ値
　2：条件を満たさない場合に式が持つ値

3 標準入出力関数と演算子

表 3-8 論理演算子

演算子	例	例の意味
&&	式1 && 式2	式1と式2が共に真の時真(1)
||	式1 || 式2	式1と式2の少なくともどちらかが真であれば真(1)
!	!式	式が真(0以外)なら偽(0)，偽(0)なら真(1)

関係演算子と論理演算子の使い方については，4章で詳しく述べる。

3.3.6 その他の演算子

これまでに出てきた演算子以外にもいくつかの演算子がある。その中でもよく使われる演算子に sizeof 演算子がある。引数として渡されたデータのサイズ（バイト数）を得るための演算子である。

文法 3-9 sizeof 演算子

```
sizeof(定数や変数または型名)
 (例) sizeof(15), sizeof(data1), sizeof(int)
```
---

sizeof の括弧( )の中には，定数や変数，あるいはデータ型の名称を記述する。なお，sizeof 演算子が返す値（結果の値）は整数値として扱うことができるが，厳密には符号なし整数型である size_t 型の値である。size_t 型はヘッダ stddef.h で定義されているもので，この型の変数を宣言する時には，stddef.h をインクルードする必要がある。

プログラム 3-14 sizeof 演算子

```c
#include<stdio.h>
void main(void)
{
    int a = 10;                       /* 変数の宣言と初期化*/
    int size1, size2, size3;

    size1 = sizeof(a);                /* 変数 a のサイズ  */
    size2 = sizeof(int);              /* 型 int のサイズ  */
    size3 = sizeof(10);               /* 定数 10 のサイズ */
    printf("size1 = %d size2 = %d size3 = %d\n", size1, size2, size3);
}
```

結果 3-14

```
size1 = 4 size2 = 4 size3 = 4
```

結果 3-14 からもわかるように，変数 a のサイズ，そのデータ型のサイズ，変数に代入した定数のサイズはすべて同じである。

3.3.7 演算子の結合規則と優先順位

演算子には，その演算を行う方向が決まっている。例えば，次式では，

　　　　a = b = c = 1;

変数 a，b，c のそれぞれに1が代入されるが，正確には，まず c に1が代入され，次にその結果が b に代入され，最後にその結果が a に代入される。このような規則を，演算子の結合規則と呼ぶ。

また，複数の演算子を同時に使う場合には，優先順位がある。例えば，*や/の演算子は，+や-の演算子よりも優先順位が高いため，次のような式

  a*b + c/d;

では，a*b, c/d が先に計算され，次に+の計算が行われる。演算の順序を明確にするために，( )を使用するとわかりやすいプログラムとなる。

  （例）(a*b) + (c/d); (a*(b + c))/d;

表 3-9 結合規則と優先順位

演算子	優先順位	意味	結合規則
( )	高	関数呼出し	左から右
[ ]		配列添字	左から右
.		ドット（構造体のメンバ）	左から右
->		矢印（構造体のメンバ）	左から右
!		論理否定	右から左
~		1の補数	右から左
-		単項マイナス	右から左
++		インクリメント	右から左
--		デクリメント	右から左
&		アドレス	右から左
*		間接	右から左
(型)		キャスト	右から左
sizeof		データのサイズ	右から左
*		乗算	左から右
/		除算	左から右
%		剰余	左から右
+		加算	左から右
-		減算	左から右
<<		左シフト	左から右
>>		右シフト	左から右
<		より小さい	左から右
<=		～以下	左から右
>		より大きい	左から右
>=		～以上	左から右
==		等しい	左から右
!=		等しくない	左から右
&		ビットごとの AND	左から右
^		ビットごとの排他的 OR	左から右
|		ビットごとの OR	左から右
&&		論理積（AND）	左から右
||		論理和（OR）	左から右
?:		条件	右から左
+=, -=等		代入演算子	右から左
,	低	カンマ	左から右

演算子の結合規則を，優先順位の高い順に示したものが表 3-9 である。実線で区切られた枠内の演算子の優先順位は同じである。参考までに，本書で取り上げていない演算子についても記述してある。

演習問題

(1) [出力] 1太陽年は，365.2422日である。これは何日何時間何分何秒に当たるかを計算し，次の書式で出力せよ。

　　　　　　　　出力データ：xxx∆NICHI∆xx∆JIKAN∆xx∆FUN∆xx.x∆BYO（∆はスペース）

　　　　　　　　　　　　　　　　　　　　　　　　　（答）365日5時間48分46.1秒

ヒント：使用する実数データの型はdoubleとすること。

(2) [入出力] 底辺aと高さbを入力し，三角形の面積を求めよ。ただし，入力データおよび出力データの書式は次の通りとする。

　　　　　　　　入力データ：20.0∆5.4（∆はスペース）
　　　　　　　　出力データ：a = xxx.x∆b = xxx.x
　　　　　　　　　　　　　　menseki = xxxx.x

　　　　　　　　　　　　　　　　　　　　　　　　　（答）54.0

(3) [入出力] 半径rを入力し，円周($2\pi r$)，円の面積(πr^2)，球の体積($4\pi r^3/3$)，球の表面積($4\pi r^2$)を求め，次の書式で出力せよ。ただし，円周率は3.14159とする。

　　　　　　　　入力データ：5.0
　　　　　　　　出力データ：HANKEI = xxx.x
　　　　　　　　　　　　　　ENSYU = xxxx.x
　　　　　　　　　　　　　　MENSEKI = xxxxx.x
　　　　　　　　　　　　　　TAISEKI = xxxxxx.x
　　　　　　　　　　　　　　HYO-MENSEKI = xxxxx.x

　　　　　　　　（答）円周31.4，面積78.5，体積523.6，表面積314.2

(4) [入出力] 商品代金dを入力し，消費税3%および5%の場合の支払い金額をそれぞれ求め，次の書式で出力せよ。ただし，1円未満は切り捨てとする。

　　　　　　　　入力データ：1980
　　　　　　　　出力データ：DAIKIN(TAX3%) = xxxxYEN
　　　　　　　　　　　　　　DAIKIN(TAX5%) = xxxxYEN

　　　　　　　　　　　　　　　　（答）3%の場合2039円，5%の場合2079円

ヒント：%は特殊文字なので，書式指定時には%%を使用すること。

(5) [入出力] 身長(cm)と体重(Kg)を入力し，理想体重((身長 - 100)*0.9)との差を求めよ。ただし，入力データおよび出力データの書式は次の通りとする。

　　　　　　　　入力データ：H160W50
　　　　　　　　出力データ：HEIGHT = xxx.xx(cm)
　　　　　　　　　　　　　　WEIGHT = xx.xx(Kg)
　　　　　　　　　　　　　　RISO = xx.xx(Kg)
　　　　　　　　　　　　　　WEIGHT - RISO = xx.xx(Kg)

　　　　　　　　　　　　　　　　　　　　　　　　　（答）-4.0(Kg)

4

分岐処理と繰り返し処理

プログラムを作成する場合，処理の流れは，「○○の場合には××の処理を行い，その他の場合には△△の処理を行う」などの分岐処理と，「○○の処理を△回繰り返す」などの繰り返し処理とに大別される。本章では，この2つについて示す。

4.1 分岐処理

処理の分岐を行うものには，if文，if-else文，switch文などがある。

4.1.1 if文

最も単純な分岐処理を行うものがif文である。

```
文法 4-1 if文
 if (条件式)              /* もし条件式が真ならば */
 {
    式1;                  /* 式1を実行せよ        */
    式2;                  /* 式2を実行せよ        */
     :
 }
 (注) 実行すべき式が1つの場合には，中括弧{ }を省略可。
```

if文の括弧( )の中に入る条件式は，

```
if(number == 1)     /* もし number が 1 ならば           */
if(number > 10)     /* もし number が 10 より大きければ */
```

といった比較式が一般的である。前章の演算子の節で述べたが，記号 == は，その左辺と右辺の値が等しいことを意味する。大小関係，等価関係を表す関係演算子や，複数の条件式を接合するための論理演算子について，もう一度次の表4-1にまとめておく。

if文は，その括弧( )の中身が真かどうかで分岐処理を行う。2進数の場合，真は1，偽は0であるが，10進数の場合，真とは，0以外の場合を意味する。

if文の条件式に演算子を使用せずに，次のように書く場合もある。

```
if(flag)            /* もし flag が真ならば */
```

if文はその括弧( )の中身が真かどうかで分岐処理を行うので，この場合，flagが0以外の場合に，その後の中括弧内の式が実行される。0の場合は偽なので，何も実行されない。つまり，if(flag) は，if(flag != 0) と同じ意味になる。

4 分岐処理と繰り返し処理

表 4-1 条件式で使用する演算子

演算子	書式	意味
<	a < b	a は b より小さい
<=	a <= b	a は b より小さい，または等しい
>	a > b	a は b より大きい
>=	a >= b	a は b より大きい，または等しい
==	a == b	a と b は等しい
!=	a != b	a と b は等しくない
&&	式 1 && 式 2	式 1，式 2 が共に真の時真(1)
||	式 1 || 式 2	式 1，式 2 の少なくともどちらかが真であれば真(1)
!	!式	式が真(0 以外)なら偽(0)，偽(0)なら真(1)

if 文を使った次のプログラム 4-1 を見てみよう。

プログラム 4-1 if 文による分岐

```c
#include<stdio.h>
void main(void)
{
    int  moji;
    moji = getchar();           /* 入力された文字を取り込む   */
    if(moji == 'a'){            /* 入力された文字が 'a' の場合 */
        printf("AAAAA\n");      /* AAAAA を画面に表示 */
        printf("BBBBB\n");      /* BBBBB を画面に表示 */
    }
    printf("CCCCC\n");          /* CCCCC を画面に表示 */
}
```

↓ a を入力   ↓ a 以外を入力

結果 4-1
```
AAAAA
BBBBB
CCCCC
```

結果 4-1
```
CCCCC
```

getchar( ) は標準入力関数で，キーボードから入力された文字を取り込む関数である。入力された文字が a の場合，if 文に続く中括弧 { } 内の 2 つの printf( ) が実行される。a でない場合，中括弧内の 2 式は実行されない。最後の式 printf("CCCCC\n"); は中括弧でくくられていないので，if 文の分岐処理とは関係なく実行され，結果 4-1 のようになる。

4.1.2 if-else 文と if-else if 文

if 文は，括弧内の条件式が真であった場合の処理を記述して分岐を行った。if-else 文，if-else if 文を用いると，その他の場合の処理も記述できる。

文法 4-2 if-else 文

```
if (条件式)                  /* もし条件式が真ならば */
{
    式 1;                   /* 式 1 を実行せよ     */
      :
}
else                         /* それ以外の場合は    */
{
    式 2;                   /* 式 2 を実行せよ     */
      :
}
(注)   中括弧 { } 内の実行すべき式が 1 つの場合には，中括弧 { } を省略可。
```
---

if-else 文の分岐を更に増やしたものが if-else if 文である。

文法 4-3　if-else if 文

```
if (条件式1)                    /* もし条件式1が真ならば              */
{
    式1;                                      /* 式1を実行せよ */
       ⋮
}
else if(条件式2)               /* それ以外の場合で条件式2が真ならば */
{
    式2;                                      /* 式2を実行せよ */
       ⋮
}
else if…                       /* else if 文を必要な数だけ増やす     */
   ⋮
else                           /* それ以外の場合は                    */
{
    式3;                                      /* 式3を実行せよ */
       ⋮
}
```
（注）　中括弧 { } 内の実行すべき式が1つの場合には，中括弧 { } を省略可。

プログラム 4-2　if-else if 文による分岐

```c
#include<stdio.h>
void main(void)
{
    int  moji;
    moji = getchar();              /* 入力された文字を取り込む    */
    if(moji == 'a')                /* 入力された文字が 'a' の場合 */
        printf("AAAAA\n");         /* AAAAA を画面に表示          */
    else if(moji == 'b')           /* 入力された文字が 'b' の場合 */
        printf("BBBBB\n");         /* BBBBB を画面に表示          */
    else                           /* それ以外の場合              */
        printf("NOT A OR B\n");    /* NOT A OR B を画面に表示     */
}
```

↓ a を入力　　　↓ b を入力　　　↓ a,b 以外を入力

結果 4-2　　　　**結果 4-2**　　　　**結果 4-2**
AAAAA　　　　　　　BBBBB　　　　　　　NOT A OR B

4.1.3　switch 文

1つの変数の値によって，複数の分岐をしたい場合がある。if-else if 文の else if(条件式)の部分を増やしてもよいが，switch 文を使うと，スマートなプログラムとなる。

4 分岐処理と繰り返し処理

文法 4-4　switch 文

```
switch (変数)                    /* 変数によって分岐 */
{
    case 値1:                    /* 変数が値1の場合 */
        式1;                     /* 式1を実行せよ    */
          ：
        break;                   /* switch文を抜ける */
    case 値2:                    /* 変数が値2の場合 */
        式2;                     /* 式2を実行せよ    */
          ：
        break;                   /* switch文を抜ける */
    case …                       /* 必要な数だけ，caseを増やす */
          ：
    default:                     /* それ以外の場合   */
        式3;                     /* 式3を実行せよ    */
          ：
}
```

　「case 値：」の各行に続く複数の式は，中括弧{ }でくくる必要はない。また，case文の最後につける「：」は「；」ではないことに注意。各case中にあるbreakは，分岐処理から抜ける命令で，switch文以外でも使用する。場合によっては，breakを使用しないこともある。breakを記述しない場合，分岐処理から抜けずに，続く行すべてをbreakのある行まで実行する。そのような処理をあえてしたい場合もあるが，多くのケースではbreakで各caseを区切る。次のプログラム4-3とプログラム4-4で，breakを使う場合と使わない場合の例を見てみよう。

プログラム 4-3　switch 文による分岐

```c
#include<stdio.h>
void main(void)
{
    int  moji;
    int  x, y, z;
    x = 20;                              /* x, yに値を代入            */
    y = 5;
    moji = getchar();                    /* 入力された文字を取り込む  */

    switch(moji){                        /* mojiの値による分岐        */
        case '+':                        /* 入力された文字が '+' の場合 */
            z = x + y;                   /* x + yの値をzに代入        */
            break;                       /* switch文から抜ける        */
        case '-':                        /* 入力された文字が '-' の場合 */
            z = x - y;                   /* x - yの値をzに代入        */
            break;                       /* switch文から抜ける        */
        case '*':                        /* 入力された文字が '*' の場合 */
            z = x * y;                   /* x * yの値をzに代入        */
            break;                       /* switch文から抜ける        */
        case '/':                        /* 入力された文字が '/' の場合 */
            z = x / y;                   /* x / yの値をzに代入        */
            break;                       /* switch文から抜ける        */
        default:                         /* その他の場合              */
            z = 9999;                    /* 9999の値をzに代入         */
    }
    printf("z = %d\n", z);               /* zの値を画面に表示         */
}
```

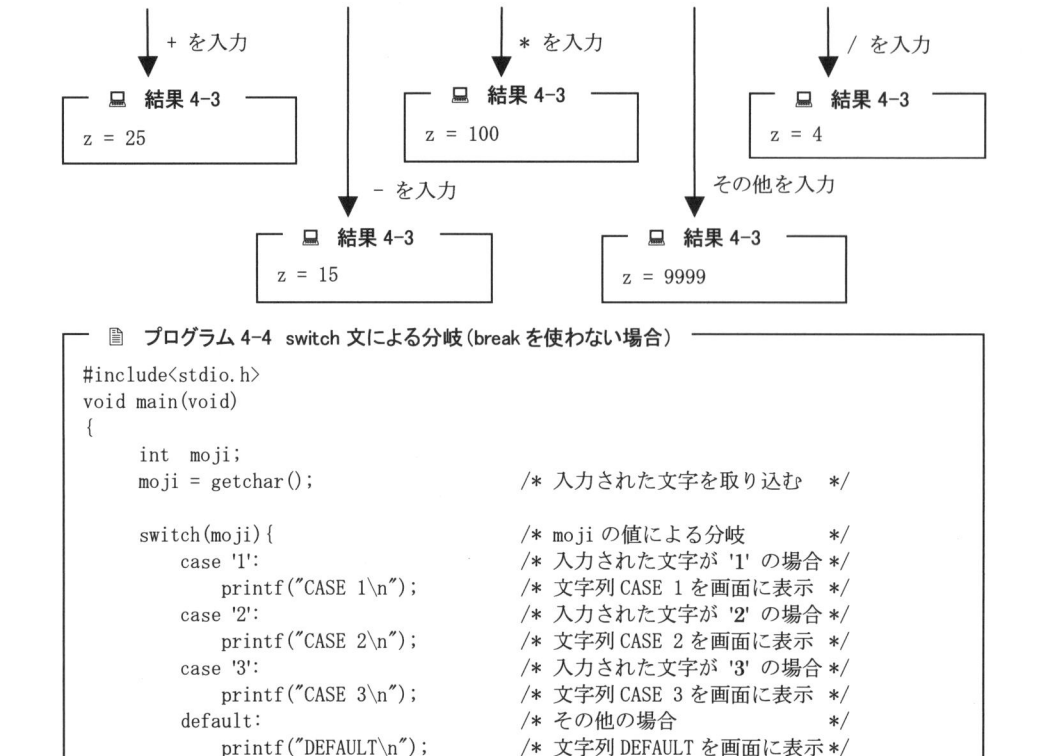

```
                ↓ +を入力              ↓ *を入力                     ↓ /を入力
  ┌─ 🖥 結果 4-3 ──┐     ┌─ 🖥 結果 4-3 ──┐          ┌─ 🖥 結果 4-3 ──┐
  │ z = 25       │     │ z = 100      │          │ z = 4        │
  └──────────────┘     └──────────────┘          └──────────────┘
                       ↓ -を入力                    ↓ その他を入力
              ┌─ 🖥 結果 4-3 ──┐          ┌─ 🖥 結果 4-3 ──┐
              │ z = 15       │          │ z = 9999     │
              └──────────────┘          └──────────────┘
```

┌─ 📄 プログラム 4-4 switch 文による分岐（break を使わない場合）───────────────┐
│ #include<stdio.h>   │
│ void main(void)   │
│ {   │
│   int moji;   │
│   moji = getchar();   /* 入力された文字を取り込む   */   │
│   │
│   switch(moji){   /* moji の値による分岐   */   │
│   case '1':   /* 入力された文字が '1' の場合 */   │
│   printf("CASE 1\n"); /* 文字列 CASE 1 を画面に表示 */   │
│   case '2':   /* 入力された文字が '2' の場合 */   │
│   printf("CASE 2\n"); /* 文字列 CASE 2 を画面に表示 */   │
│   case '3':   /* 入力された文字が '3' の場合 */   │
│   printf("CASE 3\n"); /* 文字列 CASE 3 を画面に表示 */   │
│   default: /* その他の場合   */   │
│   printf("DEFAULT\n"); /* 文字列 DEFAULT を画面に表示 */   │
│   }   │
│ }   │
└──┘

```
      ↓1を入力         ↓2を入力         ↓3を入力       その他の値
                                                     ↓を入力
┌─ 🖥 結果 4-4 ─┐ ┌─ 🖥 結果 4-4 ─┐ ┌─ 🖥 結果 4-4 ─┐ ┌─ 🖥 結果 4-4 ─┐
│ CASE 1       │ │ CASE 2       │ │ CASE 3       │ │ DEFAULT      │
│ CASE 2       │ │ CASE 3       │ │ DEFAULT      │ │              │
│ CASE 3       │ │ DEFAULT      │ │              │ │              │
│ DEFAULT      │ │              │ │              │ │              │
└──────────────┘ └──────────────┘ └──────────────┘ └──────────────┘
```

　プログラム 4-4 から分かるように，各 case の区切りに break がない場合，それに続く行が break のある位置，あるいは switch 文の中括弧 { } の最後まで実行される．

4.2　繰り返し処理

　繰り返し処理を行うものには，while 文，do-while 文，for 文などがある．

4.2.1　while 文

　while 文は次のように記述する．

┌─ 文法 4-5 while 文 ──┐
│   while(条件式)   /* 条件式が真の間次の行を繰り返す */ │
│   {   │
│   式1;   /* 式1を実行せよ   */ │
│   ⋮   │
│   }   │
│ (注)   実行すべき式が1つの場合には，中括弧 { } を省略可．   │
└──┘

4 分岐処理と繰り返し処理

while 文の括弧( )の中に入る条件式は，if 文と同じで，

```
while(number <= 5)        /* number が 5 以下であれば繰り返す */
while(flag)               /* flag が真の間繰り返す */
```

のように記述する。

📄 プログラム 4-5　while 文による繰り返し

```c
#include<stdio.h>
void main(void)
{
    int   i = 0;                    /* 整数 i の宣言と初期化      */

    while(i < 5){                   /* i が 5 より小さい間繰り返す */
        printf("%d", i);            /* 文字を画面に表示 */
        ++i;                        /* i を 1 増す          */
    }
    printf("\n");
}
```

🖥 結果 4-5

```
01234
```

プログラム 4-5 のように，回数を数えるためのカウンターとして変数を使用する場合などには，値の初期化を忘れてはならない。

繰り返し部分では，i < 5 が条件式である。中括弧{ }内の最後の行 ++i;は，変数 i の値を 1 だけインクリメントするもので，i = i + 1;と同じ意味である。繰り返しを 1 回実行するごとに，i は 1 ずつ増えていく。i は 0 からスタートし，5 になった時点で条件式を満たさなくなり，繰り返しから抜ける。

printf( )の書式"%d"には改行を表すエスケープシーケンス\n が入っていないので，表示される数字は横並びになる。次のプログラム 4-6 では，while 文中で if 文と break を使っている。処理の流れに注意して見てみよう。

📄 プログラム 4-6　break を使った while 文

```c
#include<stdio.h>
void main(void)
{
    int   i = 0;                    /* 整数 i の宣言と初期化 */
    while(1){                       /* 永久に繰り返す       */
        printf("%d", i);            /* 文字を画面に表示     */
        ++i;                        /* i を 1 増す          */
        if(i == 10)                 /* i が 10 の場合       */
            break;                  /* ループを抜ける       */
    }
    printf("\n");
}
```

🖥 結果 4-6

```
0123456789
```

この例では，繰り返しの条件式を記述する部分に 1 が入っている。1 は常に真なので，繰り返し処理から break で抜けなければ，永久に繰り返し処理が行われる。ここでは，i の値が 10 に達した時に **break** するようになっている。

4.2.2 do-while 文

while 文の条件判断の位置を後に持ってきたものが do-while 文である。条件式が真である間，繰り返し処理を行う点では while 文と同じであるが，条件判断を後ろで行うため，最低 1 回は中括弧 { } 内の処理が実行される。一方，while 文は条件式が真でない場合，1 度も処理が実行されない。do-while 文は次のように記述する。

```
文法 4-6  do-while 文
do{
    式1;                        /* 式1を実行せよ */
    ⋮
}while(条件式);                 /* 条件式が真であればループの先頭行に戻る */
```

```
プログラム 4-7  do-while 文
#include<stdio.h>
void main(void)
{
    int  num, num2;
    printf("Input a number under 100.\n");

    do{
        printf("Input 0 if you want to quit.\n");
        scanf("%d", &num);              /* 入力文字を num に取り込む    */
        if(num > 100)                    /* num が 100 をこえる場合      */
            printf("It is over 100.\n");
            break;                       /* 繰り返し処理を抜ける         */
        }
        num2 = num*num;                  /* num の 2 乗を求め num2 に代入*/
        printf("The square of %d is %d.\n", num, num2);
    }while(num != 0);                    /* num が 0 でない間繰り返す    */
    printf("Bye!\n");
}
```

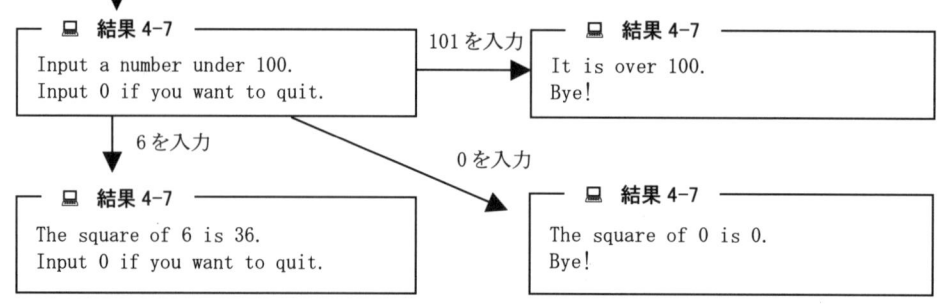

```
結果 4-7
Input a number under 100.
Input 0 if you want to quit.
```

101を入力 →

```
結果 4-7
It is over 100.
Bye!
```

6を入力 ↓

0を入力 →

```
結果 4-7
The square of 6 is 36.
Input 0 if you want to quit.
```

```
結果 4-7
The square of 0 is 0.
Bye!
```

プログラム 4-7 中の scanf() は，書式 "%d" で整数を取り込み，引数の変数 num にその値を代入している。条件式は num != 0 なので，取り込んだ値 num が 0 でない間，繰り返し処理を実行する。また，繰り返し処理の内部に if 文があり，入力された値が 100 を超える場合，break で繰り返し処理から抜けるようになっている。

4.2.3 for 文

for 文は次のように記述する。

文法 4-7 for 文

```
for(前処理式 ；  条件式 ；  後処理式)
{
    式1 ；
      ⋮
}
```
(注)　実行すべき式が1つの場合には，中括弧{ }を省略可。

---

for 文の括弧( )の中には，3つの式を；で区切って記述する。1番目の式が前処理式で，繰り返し処理の前に1度だけ実行される。2番目の条件式は，繰り返しの条件式である。この条件式が真であれば，後に続く繰り返し処理が実行される。3番目の式は後処理式で，繰り返し処理の終わりに毎回実行される。処理の流れをフローチャートで確認してみよう。前処理式と後処理式の位置に注意して欲しい。

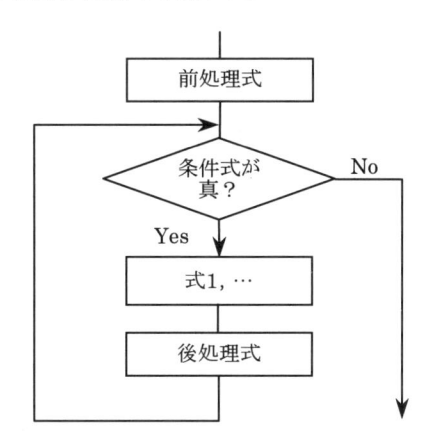

for 文の簡単な例を次のプログラム 4-8 で見てみよう。

プログラム 4-8 for 文

```c
#include<stdio.h>
void main(void)
{
    int i;
    for(i = 0 ; i < 10 ; ++i)
        printf("%d", i);
    printf("\n");
}
```

結果 4-8

```
0123456789
```

プログラム 4-8 は，while 文を使って作成したプログラム 4-6 と全く同じであるが，for 文を使った方が簡潔なプログラムとなる。記述する内容に応じて，while 文，do-while 文，for 文を適切に選択して欲しい。

4.2.4 繰り返し処理における break と continue

繰り返し処理を抜けるための命令 break については前述した。その他，繰り返し処理中で使用される命令に continue がある。

文法 4-8 break と continue

```
while(1)
{
    式1；
     ⋮
    break；
    式2；
     ⋮
}
```

```
while(1)
{
    式1；
     ⋮
    continue；
    式2；
     ⋮
}
```

文法 4-8 の左側では，式1，…を実行した後，break で繰り返し処理から抜ける。break 以降にある式2，…は実行されない。文法 4-8 の右側では，式1，…を実行した後，continue が実行され，繰り返し処理の先頭式1に戻る。この場合も式2，…は実行されない。

次のプログラム 4-9 は，西暦 1900 年から 2100 年までの間で，入力された年がうるう年かどうかを判定するプログラムである。うるう年の判定は，「4 で割った余りが 0 で，かつ 100 で割った余りが 0 でない」，または「400 で割った余りが 0」とする。なお，整数 a を b で割った余りは a % b で求める。

プログラム 4-9 break と continue

```c
#include<stdio.h>
void main(void)
{
    int year;
    printf("Input year between 1900 and 2100.(0 to quit)\n");

    while(1)
    {
        scanf("%d", &year);                          /* 数値 year を取り込む */
        if(year == 0)                                /* year が 0 の場合     */
            break;                                   /* 繰り返しを抜ける     */
        if((year < 1900) || (year > 2100))           /* 範囲オーバーの場合   */
            { printf("Not between 1900 and 2100!\n"); /* メッセージ表示      */
              continue; }                            /* 中断して先頭へ       */
        if(((year%4 == 0)&&(year%100 != 0))||(year%400 == 0))  /* うるう年の判定 */
            printf("%d is a leap year.\n", year);
        else
            printf("%d is a common year.\n", year);
    }
}
```

結果 4-9
```
Input year between 1900 and 2100.
(0 to quit)
```

2101 を入力 →

結果 4-9
```
Not between 1900 and 2100!
```

2004 を入力 ↓

結果 4-9
```
2004 is a leap year.
```

2005 を入力 ↘

結果 4-9
```
2005 is a common year.
```

4 分岐処理と繰り返し処理

プログラム 4-9 では，無限ループ中で，数値 year を取り込む。その値が 0 の場合は break で繰り返し処理から抜ける。また，範囲を超える場合はメッセージを表示し，continue で繰り返し処理の先頭に戻る。0 でもなく，範囲も超えていない場合は残りの処理に進み，うるう年の判定に従ってメッセージを表示し，繰り返し処理を続行する。

演習問題

(1) [if-else 文] 身長と体重のデータを読み込み，下の定義から体型を判定するプログラムを作成せよ。

　　定　義：身長 h(cm)，体重 w(Kg) とすると
　　　　　　w ＜ (h-95)*0.82　　やせすぎ（SLIM）
　　　　　　w ＞ (h-95)*1.10　　ふとりすぎ（FAT）
　　　　　　その中間　　　　　　正常（NORMAL）

(2) [if-else 文] キーボードから入力された文字を数値として取り込み，その数値で 100 を割った場合に割り切れるかどうかを判定するプログラムを作成せよ。
　　ヒント：整数 a を b で割った余りは a % b 。

(3) [switch 文] キーボードから入力された文字（+, -, *, /）により，2 つの数値 30 と 7 の加算，減算，乗算，除算を行うプログラムを作成せよ。除算の結果は小数値とせず，余りを使って表示すること。
　　　　　　　　　　　　　　　　　　（答）(+)37, (-)23, (*)210, (/)4 余り 2

(4) [分岐処理と繰り返し処理] (1)で作成したプログラムを，無限に入力を受け付け，適当な文字が入力された時に実行を終了するように変更せよ。

(5) [繰り返し処理] 5 つの実数値を読み込み，その平均値を求めるプログラムを作成せよ。
　　ヒント：読み込んだ数値を逐次加えていくための変数を用意する。
　　注　意：変数の初期化を忘れないように。

(6) [分岐処理と繰り返し処理] (5)で作成したプログラムを，数値を任意個数読み込めるように変更せよ。
　　ヒント：無限ループ中で数値の読み込みと加算を行う。適当な文字が入力された時に繰り返しを抜け，平均値を計算して表示する。

(7) [繰り返し処理] 1 から 50 までの整数から，素数を表示するプログラムを作成せよ。
　　　　　　　　　　　（答）1, 3, 5, 7, 11, 13, 17, 19, 23, 29, 31, 37, 41, 43, 47
　　ヒント：素数とは，1 とその数自身以外の整数では割り切ることができない整数。

5

配 列

　ひとまとまりのデータ（例えば，40人のテストの点数や100人の身長と体重のデータなど）を扱うプログラムを考えてみよう。
　これまでに学んだ内容だけを使って，このようなプログラムを作成しようとすると，データの個数分の変数を用意しなければならない。このような場合に配列を使えば，1つの変数で全データを扱うことができるようになる。
　また，前章まででは"abcde"のように記述してきた文字列も，配列を使って表現できる。

5.1　1次元配列
　本節では，最も単純な配列である1次元配列について示す。

5.1.1　1次元配列の概念と活用
　配列とは変数の並びである。変数とはデータを入れる1個の入れ物である。配列はその入れ物が並んだイメージだと考えて欲しい。

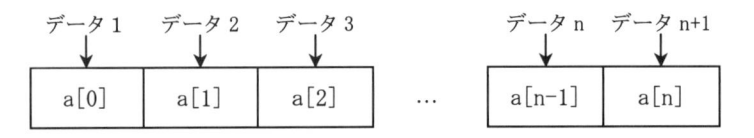

```
      データ1  データ2  データ3            データn  データn+1
        ↓       ↓       ↓                  ↓        ↓
      ┌─────┬─────┬─────┐       ┌──────┬─────┐
      │a[0] │a[1] │a[2] │  ...  │a[n-1]│a[n] │
      └─────┴─────┴─────┘       └──────┴─────┘
```

　配列には，変数と同じように名前（配列名）を付ける。上の図の場合，配列名はaである。また，配列を構成するそれぞれの入れ物を配列要素と呼び，配列名に続く[ ]の中に記述した番号（添え字）で識別する。
　配列の宣言と初期化は次のように行う。宣言した配列は，添え字を使って任意の配列要素にアクセスすることができる。

```
┌─ 文法5-1　1次元配列の宣言 ─────────────────────┐
│  型　配列名[要素の個数]；                                      │
│    (例) int    score[5];       /* 5人のテストの点       */    │
│         double square_x[4];    /* 長方形の4頂点のx座標 */    │
│         double square_y[4];    /*      〃        y座標 */    │
└────────────────────────────────────────┘
```

5 配列

文法 5-2　1次元配列の宣言と初期化

型　配列名[要素の個数] = {データ1, データ2, …, データn};

または，要素の個数を省略し，

型　配列名[] = {データ1, データ2, …, データn};
（例）int score[5] = {20, 30, 20, 15, 55};
　　　int score[] = {100, 30, 50, 80, 45};

配列を使った具体例をみてみよう。10人のテスト結果が下の表の通りであったとする。

| テスト結果（点） | 85 | 90 | 75 | 30 | 58 | 62 | 100 | 98 | 70 | 48 |

このテスト結果から，平均点を求めるプログラムを考えてみよう。扱いたいデータ数は10であり，扱うデータの型は整数型である。したがって，この配列の宣言と初期化は，

　　　　int　score[10] = {85, 90, 75, 30, 58, 62, 100, 98, 70, 48};

となる。配列の各要素へのアクセスは，score[6]のように[ ]内に番号を指定して行う。ここで注意しなければならないことは，[ ]の中にある番号（添え字）である。最初の要素の番号は1ではなく0であり，最後の要素の添え字は9である。要素の個数は10なので，宣言時に[ ]内に入れる数字は10とするが，宣言以外の箇所でscore[10]という記述はできない。score[10]という入れ物は存在しないので，score[10] = 80 のような文をプログラム中に記述すると，プログラムが暴走したり，他のデータを破壊したりする。

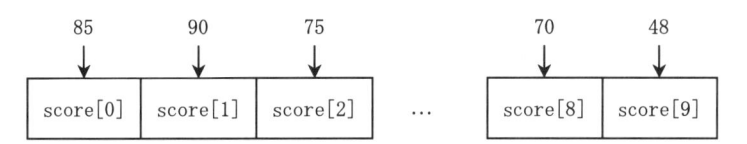

```
    85       90       75                     70       48
    ↓        ↓        ↓                      ↓        ↓
┌────────┬────────┬────────┐      ┌────────┬────────┐
│score[0]│score[1]│score[2]│ ...  │score[8]│score[9]│
└────────┴────────┴────────┘      └────────┴────────┘
```

10人の学生のテスト結果から平均点を求め，画面出力するプログラムを考えてみよう。

プログラム 5-1　1次元配列の宣言と初期化

```c
#include<stdio.h>
void main(void)
{                                           /* 配列の宣言と初期化   */
    int   score[10] = {85, 90, 75, 30, 58, 62, 100, 98, 70, 48};
    int   total = 0;                        /* 合計（0で初期化）    */
    float average;                          /* 平均点               */
    int   i;                                /* カウンタ             */

    for(i = 0 ; i < 10 ; ++i)               /* iが0から9まで繰り返す*/
        total += score[i];                  /* データの加算         */
    average = (float)total/10.0;            /* 平均点算出           */
    printf("average = %5.1f\n", average);
}
```

結果 5-1

average = 71.6

配列の各要素へのアクセスを行う例として，プログラム5-1を変更してみよう。キーボードから入力されたテスト結果を取り込み，配列に代入していこう。

```
プログラム 5-2  1次元配列データへのアクセス
```

```c
#include<stdio.h>
void main(void)
{
    int   score[10];              /* テスト結果用の配列を宣言  */
    int   in_data;                /* データ入力用              */
    int   total = 0;              /* 合計（0で初期化）         */
    float average;                /* 平均値                    */
    int   i;                      /* カウンタ                  */

    printf("Input 10 data.\n");
    for(i = 0 ; i < 10 ; ++i)     /* iが0から9まで繰り返す     */
    {
        scanf("%d", &in_data);    /* データの取り込み          */
        score[i] = in_data;       /* 配列のi番目にデータを代入 */
        total += score[i];        /* データの加算              */
    }
    average = (float)total/10.0;              /* 平均値算出 */
    printf("average = %5.1f\n", average);     /* 画面出力   */
}
```

10個のデータ　85　90　75　30　58　62　100　98　70　48　を入力

結果 5-2

```
average =  71.6
```

プログラム 5-2 では，for 文のループ中にある

　　　　score[i] = in_data;

で，配列のi番目に，入力データ in_data を代入している。

5.1.2　文字列の配列

"abcde"のような文字列も配列で表すことができる。文字列の最後には，ヌル文字 '\0' が入る。文字列の配列を宣言する時には，このヌル文字も入れた個数を[ ]内に記入する。

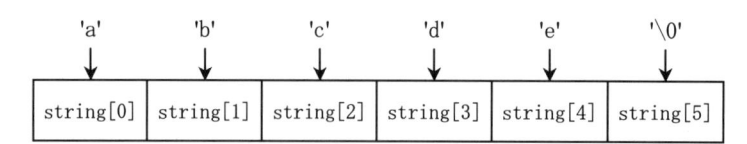

'a'	'b'	'c'	'd'	'e'	'\0'
string[0]	string[1]	string[2]	string[3]	string[4]	string[5]

```
文法 5-3  文字列の配列の宣言
```

　　char 配列名[要素の個数] ;　　　（注）要素の個数はヌル文字分を含む
　　　（例）char name[7];

```
文法 5-4  文字列の配列の初期化
```

　　char 配列名[要素の個数] = "文字列";

　　または,

　　char 配列名[要素の個数] = {文字1, 文字2, …, 文字n, '\0'} ;
　　　（例）char name[7] = "yamada";
　　　　　　char name[7] = {'y', 'a', 'm', 'a', 'd', 'a', '\0'};

文字列の配列も1次元配列の一種であり，相違点は，

   name[7] = "yamada";

のような形で，文字列を直接代入できる点のみである。文字列の配列の場合も，宣言した個数を超える添え字を指定して代入を行うと，暴走や予期せぬ結果の原因となる。

📄 プログラム 5-3　文字列の配列の理解

```
#include<stdio.h>
void main(void)
{
    char   string1[10] = "abcdefghi";      /* 文字列の配列の宣言と初期化 */
    char   string2[6]  = "ABCDE";
    printf("string1 = %s\n", string1);

    string1[5] = '\0';                     /* 配列の途中にヌル文字を代入 */
    printf("string1 = %s\n", string1);

    string1[5] = string2[0];
    string1[6] = string2[1];
    string1[7] = string2[2];
    string1[8] = string2[3];
    string1[9] = '\0';
    printf("string1 = %s\n", string1);
}
```

🖥 結果 5-3

```
string1 = abcdefghi
string1 = abcde
string1 = abcdeABCD
```

プログラム 5-3 中の「string1[5] = '\0';」で，文字列 abcdefghi で初期化されている配列 string1 の途中にヌル文字を代入している。文字列とは，ヌル文字で終わる文字の並びで，string1 が表す文字列は，結果 5-3 のように abcde となる。

5.2　2次元配列

1次元配列は，変数が1列に並んだイメージでとらえた。2次元配列は，1次元配列が複数並んだもので，行と列の番号を2つの [ ] 内に指定して各要素にアクセスする。

a[0][0]	a[0][1]	a[0][2]	…	a[0][n]
a[1][0]	a[1][1]	a[1][2]	…	a[1][n]
a[2][0]	a[2][1]	a[2][2]	…	a[2][n]
⋮	⋮	⋮	⋮	⋮
a[n][0]	a[n][1]	a[n][2]	…	a[n][n]

文法 5-5　2次元配列の宣言

```
型  配列名[配列の行数][配列の列数];
   (例) int    score[3][5];        /* 5人のテストの点 (3教科)         */
        double square[4][2];       /* 四角形の4頂点のx座標とy座標 */
```

文法 5-6　2次元配列の初期化

型　配列名[配列の行数][配列の列数]
　　= {{0行目のデータ0, データ1, … }, {1行目のデータ0, データ1, … }, … };
(例)　int score[2][3] = {{2, 5, 9}, {3, 7, 8}};
　　　double triangle[3][2] = {{10.0, 0.0}, {10.0, 10.0}, {0.0, 10.0}};

2×3（2行3列）の配列 score[2][3] の場合，メモリ上で右図のように領域がとられる。

つまり，0行目から列番号の若い順に記憶されている。したがって，初期化の式を，

int score[2][3] = {2, 5, 9, 3, 7, 8};

のように一列に書くこともできるが，文法 5-6 のように { } で各行を区切った方がわかりやすい。

次のプログラム 5-4 は，四角形の4頂点の座標を2次元配列に格納して利用するものである。

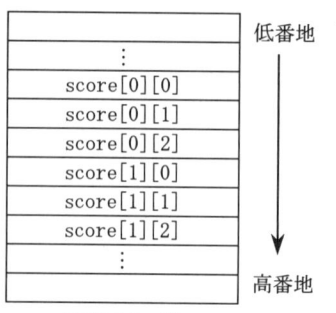

```
低番地
    ⋮
score[0][0]
score[0][1]
score[0][2]
score[1][0]
score[1][1]
score[1][2]
    ⋮
高番地
```
メモリイメージ

プログラム 5-4　2次元配列

```c
#include<stdio.h>
void main(void)
{
    double  square[4][2]                        /* 四角形の4頂点の座標 */
        = {{0.0, 0.0}, {20.0, 0.0}, {20.0, 10.0}, {0.0, 10.0}};
    double  move_x, move_y;                     /* x, y方向移動量      */
    double  to_x, to_y;                         /* 移動先 x, y         */
    int  i;
    printf("Input x, y.\n");
    scanf("%lf,%lf", &move_x, &move_y);         /* データの取り込み    */
    for(i = 0 ; i < 4 ; ++i){                   /* iが0から3までの間  */
        to_x = square[i][0] + move_x;           /* 移動先の座標算出    */
        to_y = square[i][1] + move_y;
        printf("No.%d (%5.1f, %5.1f)\n", i+1, to_x, to_y);
    }
}
```

↓ 30, 20 を入力

結果 5-4

No1 (30.0, 20.0)
No2 (50.0, 20.0)
No3 (50.0, 30.0)
No4 (30.0, 30.0)

2次元配列で文字列を扱った次のプログラム 5-5 をみてみよう。

プログラム 5-5　2次元配列と文字列

```c
#include<stdio.h>
void main(void)
{
    char name[3][8]                             /* 3人の名前を扱うための配列 */
        = {"yamada", "hayashi", "tani"};
    printf("%s:%s:%s\n", name[0], name[1], name[2]);
}
```
---

5 配列

結果 5-5
```
yamada:hayashi:tani
```

このプログラム 5-5 の 2 次元配列のイメージは下の図の通りである。

	0列	1列	2列	3列	4列	5列	6列	7列
0行	y	a	m	a	d	a	\0	
1行	h	a	y	a	s	h	i	\0
2行	t	a	n	i	\0			

この図からもわかるように，文字列を扱う場合には，使用する文字列のうち最も長い文字列の（文字数 + 1）を列の個数とする配列を宣言する必要がある。

なお，データのメモリイメージは左下の図のようになる。1 つの行に代入可能な文字列は 7 文字までなので，それを超える文字列を代入すると，次の行に入っている文字列が破壊される。例えば，0 行目に kawaguchi を代入すると，メモリイメージは右下の図のようになる。プログラム 5-5 のように，printf( ) 文で各文字列 name[0], name[1], name[2] を出力しようとすると，name[0] は \0 が最後に付いていない文字列となり，出力結果は保証されない。name[1] は i\0 の 2 文字の文字列とみなされ，i のみが出力される。

name[0][0]	y		name[0][0]	k
name[0][1]	a			a
name[0][2]	m			w
name[0][3]	a			a
name[0][4]	d			g
name[0][5]	a			u
name[0][6]	\0			c
name[0][7]	?			h
name[1][0]	h		name[1][0]	i
name[1][1]	a			\0
name[1][2]	y			y
name[1][3]	a			a
name[1][4]	s			s
name[1][5]	h			h
name[1][6]	i			i
name[1][7]	\0			\0
name[2][0]	t		name[2][0]	t
name[2][1]	a			a
⋮	⋮			⋮

低番地 → 高番地

また，図中で，? で示した箇所は，初期化が行われていない部分である。初期化されていない部分を参照すると，プログラムが暴走する可能性がある。

5.3 多次元配列

1 次元配列を 2 次元配列に拡張したように，更に多次元の配列も表現することができる。

文法 5-7 多次元配列の宣言
```
型  配列名[数 1][数 2][数 3]…[数 n];
 (例) int name[4][5][10];
```

プログラム 5-1 では，10 人の学生のテスト結果から平均点を求めるプログラムを作成した。次のプログラム 5-6 では，プログラム 5-1 を拡張し，3 学年に各 2 クラスずつあり，1 クラスの生徒数が 10 人以下の場合を考える。10 人に満たないクラスでは，人数を超える部分の配列要素に-1 を代入して，人数がわかるようにしておく。プログラム 5-6 では全体の平均点を求めているが，データを多次元配列として扱っているので，各学年ごとや，各クラスごとの平均点を求めることもできる。

プログラム 5-6 多次元配列

```c
#include<stdio.h>
void main(void)
{                                                               /* 点数 */
    int  score[3][2][10] = {{{85, 90, 75, 30, 58, 60, 100, 45, 70, 48},
                             {75, 65, 75, 30, 50, 65, 50, 55, 40, -1}},
                            {{65, 95, 95, 35, 58, 62, 90, 40, -1, -1},
                             {80, 90, 70, 30, 60, 60, 35, 60, 100, 55}},
                            {{80, 70, 75, 60, 58, 88, 70, -1, -1, -1},
                             {10, 90, 80, 30, 45, 32, 65, 90, 70, -1}}};
    int total3 = 0;                                             /* 全学年の合計点  */
    int number3 = 0;                                            /* 全学年の人数    */
    float average3;                                             /* 全学年の平均点  */
    int  i, j, k;                                               /* カウンタ        */

    for(i = 0 ; i < 3 ; ++i){                                   /* 3学年分繰り返す */
        for(j = 0 ; j < 2 ; ++j){                               /* 2クラス分繰り返す*/
            for(k = 0 ; k < 10 ; ++k){                          /* 10人分繰り返す  */
                if(score[i][j][k] != -1){
                    total3 += score[i][j][k];                   /* データの加算    */
                    ++number3;                                  /* 人数の加算      */
                }
            }
        }
    }

    average3 = (float)total3/(float)number3;                    /* 平均値算出      */
    printf("average = %5.1f\n", average3);
}
```

結果 5-6

```
average =  63.4
```

演習問題

(1) [1次元配列]　あるテストの結果，40人の得点は次の表のようであった。得点を，1-10，11-20，…，91-100 の 10 段階に分け，各段階に属する人数を求めるプログラムを作成せよ。

10	30	31	45	77	90	31	45	55	70
32	68	90	60	86	46	55	30	70	80
4	14	80	66	45	66	36	59	99	100
50	30	19	90	77	50	90	66	70	49

（例答）1-10 の人数 2 人

5 配 列

(2) [2次元配列]　3年間の月別売上は，次の表のようであった。各年ごとの売上平均と，3年間通しての売上平均を求めるプログラムを作成せよ。

月	1	2	3	4	5	6	7	8	9	10	11	12
A年売上	60	30	66	6	56	85	30	70	89	10	30	85
B年売上	8	90	40	54	46	5	60	7	36	84	26	30
C年売上	38	94	83	35	48	93	35	27	84	47	33	54

(例答) A年の売上平均 51.4

(3) [1次元配列と文字列]　yamada-taro, yoshida-hanako のように，姓と名が - で区切られた文字列をキーボードから入力し，

```
family name = yamada, first name = taro
```

のように画面に出力するプログラムを作成せよ。

(4) [2次元配列と文字列]　5人の名前 yamada, kawasaki, ishikawa, machida, fukui をアルファベット順に並べ替えて画面に出力するプログラムを作成せよ。

ヒント：1文字目 (配列の各行0列目) の大小比較から並び替える。

(5) [1次元配列]　n個のデータを配列に読み込み，平均と分散を求めるプログラムを作成し，以下のデータで試せ。ただし，平均 $\bar{x}$ と分散 σ^2 を求める式は，次式である。

$$\bar{x} = \frac{1}{n}\sum_{i=1}^{n} x_i \qquad \sigma^2 = \frac{1}{n}\sum_{i=1}^{n}(x_i - \bar{x})^2$$

NO.	1	2	3	4	5	6	7	8	9	10
データ	3.9	10.4	9.5	7.5	2.8	4.8	2.9	8.1	3.2	9.9

(答) 平均 6.3, 分散 8.612

(6) [1次元配列]　10人の学生にテストをした結果，以下のような成績であった。平均点と標準偏差 σ，各人の偏差値を求めるプログラムを作成せよ。ただし，偏差値を求める式は，次式である。

偏差値 = (点数－平均点) / 標準偏差 × 10 + 50

学生番号	1	2	3	4	5	6	7	8	9	10
点数	20	100	40	80	60	90	30	70	10	50

(答) 1番の学生の偏差値 37.81

(7) [1次元配列]　(6)の成績に対して，「優」「良」「可」「不可」の評価をつけてみよう。評価は，平均点 $\bar{x}$ と分散 σ^2 の値を使って，次のように決めるものとする。

「優」つまり A　　　　　$x \geq \bar{x} + \sigma/2$
「良」つまり B　　　　　$\bar{x} + \sigma/2 > x \geq \bar{x} - \sigma/2$
「可」つまり C　　　　　$\bar{x} - \sigma/2 > x \geq \bar{x} - 1.5\sigma$
「不可」つまり D　　　　$\bar{x} - 1.5\sigma > x$

(例答) 2番は A, 10番は B

6

記憶クラスとプリプロセッサ

　C言語には記憶クラスというものがある。変数の宣言時に，記憶クラスを指定し，その変数の使用できる範囲（有効範囲）を限定する。これまでは，関数の先頭で変数を宣言したが，変数の宣言は中括弧{ }で囲まれたブロックの先頭や，ファイルの先頭などにも記述できる。記述する位置によって，その有効範囲は異なる。

　また，ヘッダファイルを組み込む #include 文の解釈など，プログラム本体をコンパイルする前に行われる処理がプリプロセッサである。

6.1　記憶クラス

　変数には型宣言が必要であると同時に，記憶クラスも指定する必要がある。この記憶クラスには，自動変数，レジスタ変数，静的変数，外部変数の4種類がある。記憶クラスの指定を省略すると，その変数は自動変数とみなされる。これまでのサンプルプログラムの変数は，すべて指定を省略した自動変数である。

6.1.1　自動変数

```
┌ 文法 6-1　自動変数 ─────────────────────
│ 〈宣言の仕方〉　型宣言の前に auto をつける
│    （例）  auto int x;
│           auto float y = 3.5;
│ 〈有効範囲〉　宣言されたブロック内のみ
└─────────────────────────────
```

　文法 6-1 の有効範囲の項目にあるブロックとは，中括弧{ }で囲まれた部分を指す。main()関数の中括弧{ }の先頭で宣言された自動変数は main()関数全体で有効であるが，if 文などに続く中括弧{ }の先頭で宣言された自動変数は，その中括弧内でしか参照できない。次のサンプルプログラム 6-1 を見てみよう。

　変数 x, y, z は自動変数なので，宣言されたブロック内でのみ使用できる。つまり，この例では，変数 x はブロック 1，変数 y はブロック 2，変数 z はブロック 3 の中でのみ通用する。したがって，例えば最後の printf 文

　　　　　printf("x = %d\n", x);

で，y や z の値を，

　　　　　printf("x = %d y = %d z = %d\n", x, y, z);

のように表示することはできない。

6　記憶クラスとプリプロセッサ

📄 プログラム 6-1　自動変数の有効範囲

```
#include<stdio.h>
void main(void)
{                                           ← ブロック1
    auto int x = 10;
    if(x == 10)
    {                                       ← ブロック2
        auto int y = 20;
        if(y == 20)
        {                                   ← ブロック3
            auto int z = 30;
            printf("x = %d y = %d z = %d\n", x, y, z);
        }
        printf("x = %d y = %d\n", x, y);
    }
    printf("x = %d\n", x);
}
```

💻 結果 6-1

```
x = 10 y = 20 z = 30
x = 10 y = 20
x = 10
```

6.1.2　レジスタ変数

　レジスタ変数は自動変数の変形である。変数の有効範囲も同じで，異なるのは，その変数が記憶される場所のみである。自動変数はメモリ上に記憶されるのに対し，レジスタ変数はレジスタ上に記憶される。レジスタ変数は高速に処理されるため，その変数を何度も繰り返して使う場合に効果がある。ただし，レジスタの領域が足りない場合には，レジスタ変数であっても自動変数と同じようにメモリ上に記憶される。

文法 6-2　レジスタ変数

〈宣言の仕方〉　型宣言の前に register を付ける
　　（例）　register int x;
　　　　　　register float y = 3.5;

〈有効範囲〉　宣言されたブロック内のみ

6.1.3　静的変数

　静的変数も，自動変数と同様に，中括弧{ }で区切られたブロック，もしくは関数の先頭で宣言を行う。有効範囲も同じくそのブロック内である。自動変数との違いは，処理がそのブロックを抜けてから，再びそのブロックに戻ってきた時に，静的変数の値は保持されているという点である。

文法 6-3　静的変数

〈宣言の仕方〉　型宣言の前に static をつける
　　（例）　static int x;
　　　　　　static float y = 3.5;

〈有効範囲〉　宣言されたブロック内のみ
　　　　　　ただし，そのブロックを抜けても値が保持される

次のプログラム 6-2 と 6-3 は全く同じ処理を行うプログラムであるが，6-2 は自動変数を使っており，6-3 は静的変数を使っている。違いを確認して欲しい。

プログラム 6-2　自動変数

```c
#include<stdio.h>
void increment(void);

void main(void)
{
    int i;
    for(i = 0 ; i < 5 ; ++i)
        increment();
}
void increment(void)
{
    auto int data = 0;
    data++;
    printf("data = %d  ", data);
}
```

結果 6-2

```
data = 1  data = 1  data = 1  data = 1  data = 1
```

プログラム 6-3　静的変数

```c
#include<stdio.h>
void increment(void);

void main(void)
{
    int i;
    for(i = 0 ; i < 5 ; ++i)
        increment();
}
void increment(void)
{
    static int data = 0;
    data++;
    printf("data = %d  ", data);
}
```

結果 6-3

```
data = 1  data = 2  data = 3  data = 4  data = 5
```

6.1.4　外部変数

　自動変数，レジスタ変数，静的変数は，中括弧で括られたひとまとまりのブロックや関数を有効範囲とする。それに対し，外部変数は 1 つのファイルに記述されている複数の関数全体が有効範囲である。また，別のファイルでも使用することができる。ただし，変数宣言のあるファイル以外のファイルでは，その変数に extern をつけて宣言し，その変数が別ファイルで宣言された外部変数であることを明示する。

6　記憶クラスとプリプロセッサ

文法 6-4　外部変数

〈宣言の仕方〉
1. そのファイルに記述されている関数群の外の位置に宣言文を記述
   （例）int x;
   　　　void main(void)
   　　　{
   　　　　　⋮
〈有効範囲〉　変数の宣言のあるファイル全体
2. 外部変数を宣言したファイルとは別のファイルでその変数を使用する場合，型宣言の前に extern をつけた文を記述
   （例）extern int x;
   　　　extern static float y;

　文法 6-4 を下の図で確認してみよう。左側の file_1.c には，main()，func1()，func2() の 3 つの関数が記述されている。その外側（上部）にある行

　　　　int data;　　/* 外部変数の宣言 */

で，外部変数 data を宣言している。したがって，この data は file_1.c 内に記述されているすべての関数（main()，func1()，func2()）内で使用できる。

　右側の file_2.c には，func3()，func4() の 2 つの関数が記述されている。その外側（上部）にある行

　　　　extern int data;

で，別のファイル(file_1.c)で宣言された外部変数 data を，このファイルでも使用することを宣言している。

　file_1.c の「int data;」は，実際の型宣言なので，変数用の領域がメモリ上に確保されるが，file_2.c の「extern int data;」では領域は確保されず，他ファイル(file_1.c)で確保された領域を使用することを意味している。

```
                          file_1.c                              file_2.c
  int data;    /* 外部変数の宣言 */        extern int data;

  void main(void)                          void func3(void)
  {                                        {
      ⋮                                        ⋮
  }                                        }
  void func1(void)                         void func4(void)
  {                                        {
      ⋮                                        ⋮
  }                                        }
  void func2(void)
  {
      ⋮
  }
```

6.2　関数の記憶クラス
　関数にも記憶クラスの指定を行い，その関数が使用できる範囲を指定することができる。

6.2.1 static 関数

staticを指定した関数は，その関数のあるファイル内でのみ使用できる。

```
┌─ 文法 6-5  static 関数 ─────────────────────
│ 〈指定の仕方〉 関数の型宣言の前に static をつける
│    (例) static int func( );
│ 〈使用できる範囲〉 宣言されたファイル内のみ
└──────────────────────────────
```

6.2.2 extern 関数

あるファイルに記述した関数を，別のファイルで使用したい場合，使用したいファイル内で，その関数を extern と指定する。つまり，関数の本体が別のファイルにある場合，その関数を使用したい時は，関数を使用する側のファイル内でその関数を extern 宣言する。

```
┌─ 文法 6-6  extern 関数 ─────────────────────
│ 〈指定の仕方〉 関数の型宣言の前に extern をつける
│    (例) extern int func( );
└──────────────────────────────
```

文法 6-6 の内容を下の図で確認してみよう。file_1.c に実体が記述されている関数 func1( ) が，file_2.c の中で extern と指定されており，file_2.c の中で使用できるようになっている。

file_1.c
```
void func1(void);
void func2(void);

void main(void)
{
    ⋮
}
void func1(void)
{
    ⋮
}
void func2(void)
{
    ⋮
}
```

file_2.c
```
void func3(void);
void func4(void);
extern void func1(void);

void func3(void)
{
    ⋮
    func1( );
}
void func4(void)
{
    ⋮
    func1( );
}
```

6.3 プリプロセッサ

作成したプログラムをコンパイラに渡すと，プリプロセッサによって前処理が行われる。前処理とは，ヘッダファイルを組み込んだり，マクロと呼ばれる置換文字列を組み込んだりする処理である。

6.3.1 ファイルの組み込み(#include)

これまでのサンプルプログラムには，必ず#include 文が記述されていた。そのファイルに必要なヘッダファイルを組み込むためである。

```
┌─ 文法 6-7  #include 文 ────────────────────
│ #include 〈ファイル名〉
│ または,
│ #include "ファイル名"
└──────────────────────────────
```

ヘッダファイル名をカギ括弧< >で指定した場合，予め決められたディレクトリからヘッダファイルを探して include する。一方，ダブルクォーテーション" "で指定した場合，まずソースファイルのあるディレクトリを探し，無ければ，次に予め決められたディレクトリを探して include する。これらの違いから，stdio.h，string.h など，システムが用意したファイルをインクルードする場合にはカギ括弧< >，プログラム作成者が作成したファイルを include する場合にはダブルクォーテーション" "を使用する。

6.3.2 マクロ定義 (#define)

#define 文を使うと，定数値をある名前に置換することができる。置換した名前をマクロと呼ぶ。使用頻度の高い定数値をマクロ定義すると，プログラムが簡素化され，書き間違いによる不具合も減る。また，修正を要する定数値は，マクロ定義すると，定義文のみを修正すれば，その値を使用しているすべての箇所に反映され修正もれが起こらない。

文法 6-8 #define 文

```
#define  マクロ名  値
    (例) #define  PAI   3.1415926536
         #define  MAX   100
```

プログラム 6-4 #include 文と #define 文

```c
#include<stdio.h>                                  /* ヘッダファイルの組み込み */
#define  PAI  3.1415926536                         /* マクロ定義 */

void main(void)
{
    double r, ensyu, menseki;
    printf("Input radius.\n");
    scanf("%lf", &r);                              /* 値を入力       */
    ensyu  =  2 * PAI * r;                         /* 円周を計算①*/
    menseki = PAI * r * r;                         /* 面積を計算②*/
    printf("ensyu = %.2f, menseki = %.2f\n", ensyu, menseki);  /* 表示       */
}
```

5 を入力

結果 6-4

```
ensyu = 31.42, menseki = 78.54
```

プログラム 6-4 では，数値 3.1415926536 を PAI とマクロ定義している。マクロ定義をしなければ，①と②の行はそれぞれ，

```
ensyu = 2 * 3.1415926536* r;      /* ① */
menseki = 3.1415926536 * r * r;   /* ② */
```

となり，見にくい上に，書き間違いも発生しやすくなる。

#define 文は，値だけでなく式もマクロ定義することができる。

文法 6-9 #define 文による式のマクロ定義

```
#define  マクロ名  式
    (例) #define  AREA(r)   3.1415926536*r*r
         #define  BIG(x, y)  ((x > y) ? x : y)
```

使用頻度の高い簡単な式をマクロとして定義しておくと大変便利である。

なお，文法6-9の2番目の例に

$$((x > y) ? x : y)$$

という式がある。これは三項演算子と呼ばれるもので，？マークの左側に記述された条件式に従って特定の値を返す。三項演算子は，マクロ定義時だけでなく，プログラム中でも使用することができる。

文法 6-10 三項演算子

式1 ? 式2 : 式3
　　(例) (x > y) ? x : y

？マークの左側にある式1が真の場合には式2，式1が偽の場合には式3の値となる。例では，xがyより大きい場合にはx，それ以外の場合にはyとなる。

式のマクロ定義を使って，プログラム6-4を書き直してみよう。

📄 プログラム 6-5　式のマクロ定義

```
#include<stdio.h>                                    /* ヘッダファイルの組み込み*/
#define  PAI      3.1415926536                       /* マクロ定義       */
#define  ENSYU(r)    2*PAI*r                         /* 式のマクロ定義 */
#define  MENSEKI(r)  PAI*r*r                         /* 式のマクロ定義 */

void main(void)
{
    double r, ensyu, menseki;
    printf("Input radius.\n");
    scanf("%lf", &r);                                /* 値を入力       */
    ensyu = ENSYU(r);                                /* 円周を計算① */
    menseki = MENSEKI(r);                            /* 面積を計算② */
    printf("ensyu = %.2f, menseki = %.2f\n", ensyu, menseki);  /* 表示       */
}
```

↓ 5を入力

🖥 結果 6-5

```
ensyu = 31.42, menseki = 78.54
```

次のプログラム6-6は，三項演算子を使ったマクロ定義の例である。

📄 プログラム 6-6　三項演算子を使ったマクロ定義

```
#include<stdio.h>                                    /* ヘッダファイルの組み込み*/
#include<math.h>                                     /* ヘッダファイルの組み込み*/
#define  BIG(a, b)   ((a > b) ? a : b)               /*    ①          */
#define  SQRT(a)     sqrt(a)                         /* 式のマクロ定義 */

void main(void)
{
    double x, y;
    double bignum, bigsqr;
    printf("Input 2 data.\n");
    scanf("%lf, %lf", &x, &y);                       /* 値を入力 */
    bignum = BIG(x, y);                              /* 大きい方の数を得る */
    bigsqr = (bignum >= 0) ? SQRT(bignum) : -999.99; /*    ②    */
    printf("%.2f is bigger than another one.\n", bignum);
    printf("Its square root is %.2f.\n", bigsqr);
}
```

```
┌─ 🖥 結果 6-6 ─────────────────┐   ┌─ 🖥 結果 6-6 ─────────────────┐
│ 5.00 is bigger than another one. │   │ -4.00 is bigger than another one.│
│ Its square root is 2.24.         │   │ Its square root is -999.99.      │
└──────────────────────────────────┘   └──────────────────────────────────┘
```
↓ 5, 4を入力　　　　　　　　　　　　　　↓ -5, -4を入力

プログラム 6-6 では，①と②の行で三項演算子が使われている。①はマクロ定義文で，式 a > b が真の場合には a，偽の場合には b の値となる。②では変数 bigsqr に値を代入しているが，式 bignum >= 0 が真の場合にはマクロ SQRT(bignum)，偽の場合には-999.99 が代入する値となる。

6.3.3 マクロ定義の解除(#undef)

#define 文で定義したマクロを解除するのが#undef 文である。ファイル中の#undef 文以降の部分では，そのマクロは使用できなくなる。マクロを再定義する場合には，#undef 文で解除を行ってから再定義する。

┌─ 文法 6-11 #undef 文によるマクロ定義の解除 ─────────────┐
│ #undef マクロ名   │
│   (例) #undef PAI   │
│   #undef BIG(x, y)   │
└──┘

┌─ 📄 プログラム 6-7 マクロの再定義 ───────────────────────┐
│ #include<stdio.h>   /* ヘッダファイルの組み込み */
│ #define GOSA 1   /* マクロ定義   */
│
│ void main(void)
│ {
│   int x;
│   printf("Input a number.\n");
│   scanf("%d", &x);   /* 値を入力   */
│   printf("It is between %d and %d.\n", x-GOSA, x+GOSA);
│ #undef GOSA   /* マクロ定義の解除*/
│ #define GOSA 3   /* マクロの再定義 */
│   printf("It is between %d and %d.\n", x-GOSA, x+GOSA);
│ }
└──┘

↓ 23 を入力

┌─ 🖥 結果 6-7 ──────┐
│ It is between 22 and 24.│
│ It is between 20 and 26.│
└────────────────────────┘

プログラム 6-7 では，マクロ GOSA を 1 とし，後に#undef 文でマクロ定義を解除してから，3 に再定義している。

6.3.4 条件付きコンパイル(#ifdef(#if)〜#else〜#endif,#ifndef)

マクロを使って，コンパイルする部分の指定を行うことができる。デバッグ用のコードを埋め込みたい場合や，条件によって複数のタイプの実行モジュールを作成したい場合などに便利である。

文法 6-12　#ifdef 文による条件付きコンパイル

```
#ifdef　マクロ名
　 ：（コード）          }  マクロ名が定義されている場合に
#else                      コンパイルの対象となる部分
　 ：（コード）          }  それ以外の場合に
#endif                     コンパイルの対象となる部分
```

文法 6-12 中で，#ifdef～#else～#endif の流れのうち，#else の部分は必要がなければ省略することができる。次の例をみてみよう。

プログラム 6-8　条件付きコンパイル (#ifdef)

```
#include<stdio.h>
#include<stdlib.h>
#include<string.h>
#define    DEBUG                                         /* マクロ定義 */

void main(void)
{
    int year, month, day;
    char date[11], tmpbuf[5];
    printf("Input a date.(yyyy/mm/dd)\n");
    scanf("%s", &date);                                  /* 日付を入力 */
#ifdef DEBUG
    printf("String = %s\n", date);         /* 入力された文字列を表示 */
#endif
    strncpy(tmpbuf, date, 4);                            /* 年を得る   */
    tmpbuf[4] = '\0';
    year = atoi(tmpbuf);

    tmpbuf[0] = date[5];                                 /* 月を得る   */
    tmpbuf[1] = date[6];
    tmpbuf[2] = '\0';
    month = atoi(tmpbuf);

    tmpbuf[0] = date[8];                                 /* 日を得る   */
    tmpbuf[1] = date[9];
    tmpbuf[2] = '\0';
    day = atoi(tmpbuf);
    printf("YEAR %d MONTH %d DAY %d\n", year, month, day);
}
```

↓ 1967/01/23 を入力

結果 6-8

```
String = 1967/01/23
YEAR 1967 MONTH 1 DAY 23
```

プログラム 6-8 の先頭でマクロ DEBUG が定義されている。そのため，#ifdef DEBUG～#endif に挟まれた行がコンパイルの対象となる。この行はデバッグ用に埋め込んだもので，最終的な実行モジュールを作成する時には，#define DEBUG の行をコメントとして /* と */ で囲む。

プログラム中で使われている strncpy( ) と atoi( ) はライブラリ関数で，strncpy( ) は文字列を指定文字数分コピーし，atoi( ) は文字列を整数値に変換する。詳しい使用方法については 9 章を参照して欲しい。

#ifdef 文では，引数として指定されたマクロが#define 文によって定義されているかどうかで条件分岐を行った。#if 文では，引数として式を指定する。その式の値が真（0 以外）の場合に，それに続く行がコンパイルの対象となる。#else 文も含めた条件分岐の流れは #ifdef 文と同じである。

文法 6-13　#if 文による条件付きコンパイル

```
#if  式
   : (コード)       } 式が真（0 以外）の場合に
                     コンパイル対象となる部分
#else
   : (コード)       } それ以外の場合に
                     コンパイル対象となる部分
#endif
```

プログラム 6-9　条件付きコンパイル(#if)

```
#include<stdio.h>
#define  TAX  1                            /* マクロ定義 */

void main(void)
{
    float price, tax, total = 0.0;
    while(1){
        printf("Price? (finish -> -1)\n");
        scanf("%f", &price);                /* 金額(price)を入力 */
        if(price == -1.0)
            break;
        total += price;                     /* 合計(total)を更新 */
    }
#if  TAX==1
    printf("Tax? (%%)\n");
    scanf("%f", &tax);                      /* 税率(tax)を入力   */
    total = total * (1. + tax / 100.);      /* 合計(total)を計算 */
    printf("Tax(%.0f%%) Total %.0f\n", tax, total);
#else
    printf("No Tax. Total %.0f\n", total);
#endif
}
```

```
20  30  50  -1
TAX? (%) 5 を入力
```

結果 6-9

```
Tax(5%) Total 105
```

プログラム 6-9 では，式(TAX==1)が真の場合に，税込みの合計を計算して表示する部分がコンパイルの対象となる。それ以外の場合には，税抜きの合計を表示する部分がコンパイルの対象となる。

その他に，条件付きコンパイルを行うものに#ifndef 文がある。#ifndef 文は，指定されたマクロが定義されていない場合に，それに続く行をコンパイルの対象とするものである。

演習問題

（1）［マクロ定義］ 消費税を表すマクロ TAX を 0.05 と定義し，消費税額を求める関数（引数…価格を表す実数，返り値…消費税額）を作成せよ。また，その関数を使い，入力された価格を消費税込み価格に換算して画面に表示するプログラムを作成せよ。

（例答）価格 1000 円の場合，消費税込み価格は 1050 円

（2）［式のマクロ定義］ (1)で作成した消費税を求める関数を，式のマクロ CALC_TAX(x) に変更せよ。

（3）［記憶クラス］ (1)で作成した消費税を求める関数の引数（価格を表す実数）をなくし，外部変数を利用して同じ処理を行うようにプログラムを変更せよ。

（4）［条件付きコンパイル］ (2)で作成したプログラムにおいて，マクロ DATE1990 が定義されている場合には TAX が 0.03，マクロ DATE1995 が定義されている場合には TAX が 0.05 となるように，条件付きコンパイルを使ってそれぞれの実行モジュールを作成せよ。

7

ポインタ

　C言語の特徴の1つにポインタがある。ポインタとは「指し示すもの」を意味する。変数や配列の位置（アドレス）とサイズの情報を用いて，その変数や配列を指し示すのである。変数や配列で値の代入や参照を行う場合，前章まででは，変数の場合は変数名を，配列の場合は配列名と添え字を使った。これらの処理はポインタでも行うことができる。また，ポインタでしか実現できない処理もある。ポインタを理解することは，配列の活用にもつながる。本章では，このポインタの概念と活用方法について示す。

7.1 ポインタの概念

　ある整数型の変数 num を例にとって考えてみる。この変数 num に値5が代入されているイメージが下の左側の図である。右側の図は，メモリイメージである。メモリはアドレスと呼ばれる番地によって管理されている。変数 num は整数型なので，サイズは4バイトである。この例では，

　　　　　　変数 num ＝ アドレス 10001 から4バイト分の領域

を意味する。変数 num が宣言されると，メモリ上の空いている場所に4バイトの領域が確保され，num = 5 のような式で値5が代入されると，その領域に5が格納される。

　変数のアドレスは，記号 & を変数名の前に付けて表す。この例の場合，num のアドレスは &num で表される。

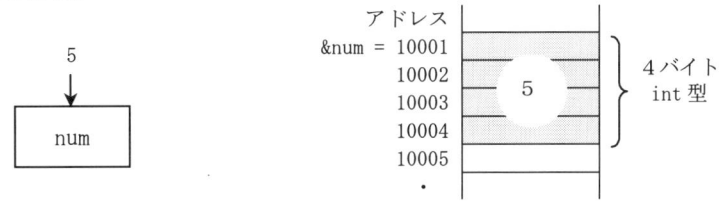

　ポインタ ptr は，変数 num を指し示すものとする。変数 num に値を代入する場合，num のポインタである ptr を介して，下の図のように，num の領域に値を代入することができる。この場合，変数名が num であることは意識する必要はない。ptr が指し示している int 型の領域に値を代入することを意味する。

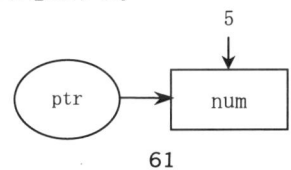

ポインタ ptr も一種の変数である。格納されている値は num のアドレス（上の例では 10001）である。このことから，ptr をポインタ変数とも呼ぶ。ポインタ変数は，その指し示す変数のデータ型が何であれ，格納される値はアドレスなので，ポインタ変数自身が確保する領域は 4 バイトである。ただし，ポインタ変数の宣言時には，指し示す変数のデータ型を記述しなければならない。例えば，double 型の変数を指すポインタの宣言は，

   `double *ptr;`

と記述するが，ポインタ変数 ptr 自身が確保するメモリは int 型の 4 バイトである。

下の図でポインタ変数とその指し示す変数の関係について確認してみよう。

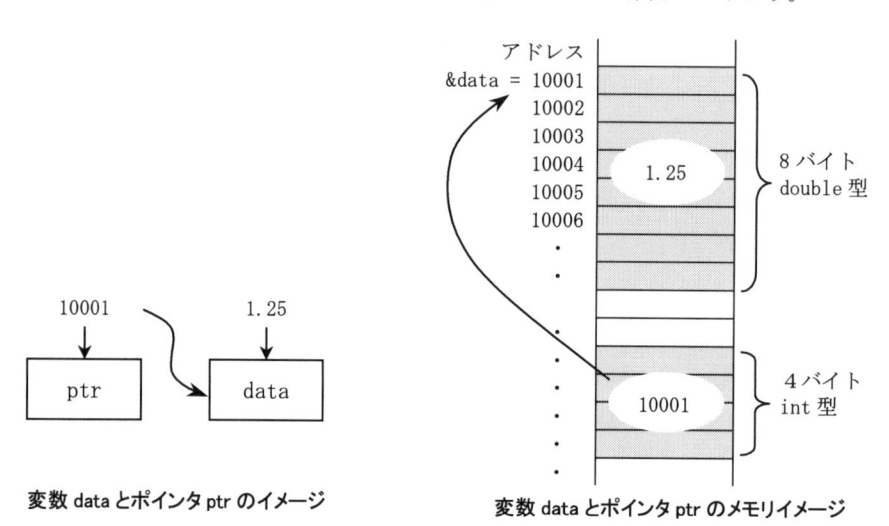

変数 data とポインタ ptr のイメージ　　　変数 data とポインタ ptr のメモリイメージ

ポインタ変数も変数であるので，ポインタ変数を指すポインタ変数というものもあり得る。例えば，次のポインタ変数

   `double *ptr;`

を指すポインタ変数は，

   `double **ptr2;`

と記述する。これを繰り返していくと，いくつも*をつけたポインタ変数が可能であるが，実際に使われるのはせいぜい **ptr2 のように 2 つ付いたものまでである。ポインタ変数には，その指し示す変数のアドレスが入っているということをしっかり把握しておけば，とまどうことはないであろう。

7.2　ポインタの宣言

ポインタの宣言は次のように行う。

文法 7-1　ポインタの宣言

```
データ型 *ポインタ変数名 ;
   (例) int *ptr;
        float *p1;
```
---

7 ポインタ

前述の整数型変数 num を指し示すポインタ ptr を宣言する場合，次のようになる．

```
int num;        /* int 型変数 num の宣言      */
int *ptr;       /* ポインタ変数 ptr の宣言     */
ptr = &num;     /* ptr に num のアドレスを代入 */
```

ポインタが指す領域に値を代入したり，参照するには，次のように記述する．

文法 7-2 ポインタが指す領域の値の参照と代入

*ポインタ変数名
```
(例) *ptr = 7;        /* ptr が指す領域に 7 を代入 */
     *p1 = 3.1;       /* p1 が指す領域に 3.1 を代入 */
     x = *ptr + 3;    /* ptr が指す領域に格納されている値に 3 を加え x に代入*/
```

実際に変数に値を代入し，そのポインタに格納されている値や，そのポインタが指している変数の値を見るプログラムを作成してみよう．

📄 プログラム 7-1 変数とポインタ

```c
#include<stdio.h>
void main(void)
{
    int   num = 5;                       /* num を宣言し，5 を代入  */
    int   *ptr;                          /* ポインタ ptr を宣言     */
    ptr = &num;                          /* ptr に num のアドレスを代入*/

    printf("num = %d, &num = %x\n", num, &num);   /* num と&num の値を表示 */
    printf("*ptr = %d, ptr = %x\n", *ptr, ptr);   /* *ptr と ptr の値を表示 */
}
```

🖥 結果 7-1

```
num = 5, &num = 64fdf0 (システムによって異なるアドレスが出力される)
*ptr = 5, ptr = 64fdf0 (              〃                        )
```

ポインタ ptr が指している変数 num に格納されている値は 5 なので，num，*ptr 共にその値は 5 である．ポインタ ptr には，変数 num のアドレスが格納されているので，&num，ptr は共に同じ値となる．

7.3 関数の引数としてのポインタ

変数にアクセスする時に，ポインタを介して行うメリットは何か．それは，関数の引数を使ったデータの取り出しにある．

関数の引数は値を渡すものである．関数が呼び出された時に，引数部分に記述された値が関数本体に渡される．値は，関数呼び出しの前後で変化することはない．次のプログラム 7-2 をみてみよう．

関数 change_number()の引数は num であるが，これは変数 num を引き渡しているのではなく，あくまでも値 5 を引き渡している．そのため，関数内で num に別の値 7 を代入しても，main 関数に戻って来た時の num の値は元の 5 のままである．

プログラム 7-2 値を引き渡す関数引数

```
#include<stdio.h>
void change_number(int num);            /*  関数の宣言  */
void main(void)
{
    int  num = 5;                       /*  num を宣言し，5 を代入         */
    printf("num = %d (BEFORE)\n", num);
    change_number(num);                 /*  num を引数として関数呼び出し */
    printf("num = %d (AFTER)\n", num);
}
void change_number(int num)             /*  関数本体（引数は変数）      */
{
    num = 7;                            /*  引数 num に 7 を代入          */
    printf("num = %d (IN)\n", num);
    return;
}
```

結果 7-2

```
num = 5 (BEFORE)
num = 7 (IN)
num = 5 (AFTER)
```

関数内でセットした値を取り出したい場合，関数の戻り値を使った。プログラム 7-2 の場合も，num を引数とせずに戻り値としておけば，関数内でセットした値を取り出すことができる。しかし，ポインタを使えば，関数内でセットした値を，引数を使って取り出すことができる。複数の値を取り出したい場合には，戻り値を使って取り出すことは不可能であるが，ポインタを使えば可能になる。引数として変数のアドレスを渡すということは，関数本体から見ると，そのアドレスは，値をセットする変数のポインタということになる。

次の文法 7-3 とその例で，ポインタの受け渡しについてみてみよう。

文法 7-3 関数引数のポインタ渡し

```
<呼び出し部>
    変数のアドレス（&変数名）を渡す
<関数本体>
    引数をポインタ（*ポインタ変数名）とする

(例)
void main(void)
{
    int num;                                    /* 変数 num の宣言*/
        :
    func( &num );        /*  ポインタ（アドレス）渡しによる関数呼び出し*/
        :
}
void func( int *ptr )                           /* 関数本体        */
{
        :
    *ptr = …             /* 渡されたポインタの指す領域に値をセット  */
        :
}
```

プログラム 7-2 の関数部分を，ポインタ渡しに変更したものが次のプログラム 7-3 である。関数の引数部分に着目し，プログラム 7-3 をみてみよう。

プログラム 7-3 関数引数とポインタ(その1)

```c
#include<stdio.h>
void change_number(int *ptr);                           /* 関数の宣言 */
void main(void)
{
    int   num = 5;                          /* num を宣言し，5 を代入         */
    printf("num = %d (BEFORE)\n", num);
    change_number(&num);                    /* &num を引数として関数呼び出し */
    printf("num = %d (AFTER)\n", num);
}
void change_number(int *ptr)                /* 関数本体（引数はポインタ）    */
{
    *ptr = 7;                               /* 引数のポインタ*ptr に7を代入 */
    printf("*ptr = %d (IN)\n", *ptr);
    return;
}
```

結果 7-3

```
num = 5 (BEFORE)
*ptr = 7 (IN)
num = 7 (AFTER)
```

関数 change_number( ) の呼び出しでは，引数は &num である。そのため，関数本体の引数の記述では，int *ptr（int 型の領域を指し示すポインタ）となっている。

次のプログラム 7-4 は，円柱の表面積と体積を求めるプログラムである。

プログラム 7-4 関数引数とポインタ(その2)

```c
#include<stdio.h>
#define OK 0
#define NG 1
#define PAI 3.1415926536
int Calc_Enchu(double r, double h, double *s, double *v);
void main(void)
{
    double hankei, takasa , menseki, taiseki;
    int status = OK;
    printf("radius, hight?\n");                    /* 半径と高さの取り込み*/
    scanf("%lf, %lf", &hankei, &takasa);
    status = Calc_Enchu(hankei, takasa, &menseki, &taiseki);
    if(status == OK)
        printf("Enchu : menseki = %7.2f  taiseki = %7.2f\n", menseki, taiseki);
    else
        printf("Enchu : Error\n");
}
int Calc_Enchu(double r, double h, double *s, double *v)
{
    if((r <= 0)||(h <= 0))                         /* 負値入力はエラー */
        return(NG);
    *s = 2*PAI*r*(h + r);                          /* 表面積計算 */
    *v = PAI*r*r*h;                                /* 体積計算   */
    return(OK);
}
```

5, 10 を入力

結果 7-4
```
Enchu : menseki =  471.24  taiseki =  785.40
```

半径をr，高さをhとした場合，円柱の表面積Scと体積Vcを算出する式は，

$$Sc = 2\pi r(h+r) \qquad\qquad Vc = \pi r^2 h$$

である。円柱の表面積と体積を算出する関数Calc_Enchuを作成し，引数r，hは入力データ，*s，*vは出力データとし，ポインタを使って結果を取り出している。返り値はエラーかどうかの判定に使っている。

7.4 ポインタと配列

配列とは複数のデータの並びであり，配列名と[ ]内に書かれた番号で表された。この配列とポインタの関係について考えてみよう。

7.4.1 ポインタと1次元配列

1次元配列とポインタの関係についてみてみよう。配列num[3]とポインタptrを例にとり，その関係を図で表したものが下の図である。

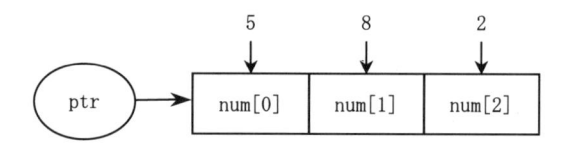

配列num[ ]とポインタptrのイメージ

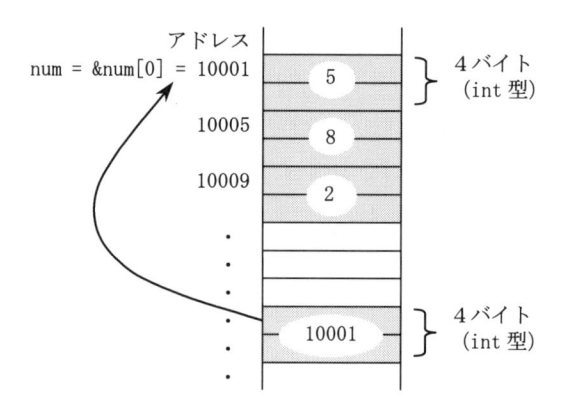

配列numとポインタptrのメモリイメージ

変数を指すポインタと配列を指すポインタとの違いは，配列名がその配列の先頭アドレスを表す点である。

次のプログラムでは，配列の第1要素とアドレス，配列のポインタが指すデータとアドレスを表示するプログラムである。

7 ポインタ

📄 プログラム 7-5 配列とポインタ

```c
#include<stdio.h>
void main(void)
{
    int   num[3] = {5, 8, 2};          /* 配列を宣言し，値を代入    */
    int   *ptr;                         /* ポインタ ptr を宣言       */
    ptr = num;                          /* ptr に num[]のアドレスを代入*/

    printf("num[0] = %d, num = %x\n", num[0], num);  /* num[0]と num の値を表示 */
    printf("*ptr = %d, ptr = %x\n", *ptr, ptr);       /* *ptr と ptr の値を表示  */
}
```

💻 結果 7-5

```
num[0] = 5, num = 65fde8 （システムによって異なるアドレスが出力される）
*ptr = 5, ptr = 65fde8  (          〃                        )
```

このプログラムの最後の printf( ) 文をみてみよう。配列を指すポインタ ptr の中味である*ptr は，配列の第1要素を表している。配列の第2要素，第3要素を得るには *(ptr+1)，*(ptr+2) とする。ここで，+1 や +2 は1バイトや2バイト分，ポインタを移動するという意味ではなく，配列の要素サイズ分移動することを意味する。

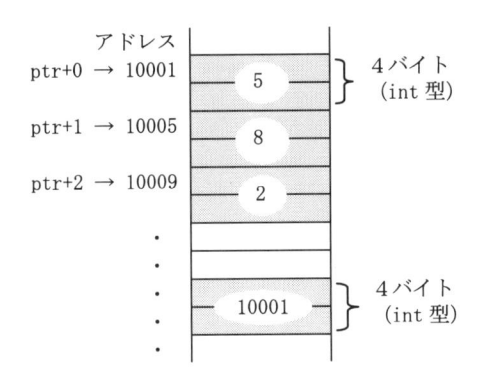

```
            アドレス
ptr+0 → 10001   ┌──┐ ┐ 4バイト
                │ 5 │ } (int 型)
                ├──┤ ┘
ptr+1 → 10005   │ 8 │
                ├──┤
ptr+2 → 10009   │ 2 │
                ├──┤
        ・      │  │
        ・      ├──┤ ┐ 4バイト
        ・   ─ │10001│ } (int 型)
                └──┘ ┘
```

ポインタの指す配列要素に注目して次のプログラム 7-6 をみてみよう。

📄 プログラム 7-6 配列の各要素とポインタ

```c
#include<stdio.h>
void main(void)
{
    int   num[3] = {1, 8, 2};          /* 配列を宣言し，値を代入    */
    int   *ptr;                         /* ポインタ ptr を宣言       */
    ptr = num;                          /* ptr に num[]のアドレスを代入*/

    printf("num[0] = %d, num[1]   = %d, num[2]   = %d\n", num[0], num[1], num[2]);
    printf("*num   = %d, *(num+1) = %d, *(num+2) = %d\n", *num, *(num+1), *(num+2));
    printf("*ptr   = %d, *(ptr+1) = %d, *(ptr+2) = %d\n", *ptr, *(ptr+1), *(ptr+2));
    printf("num = %x, num+1 = %x, num+2 = %x\n", num, num+1, num+2);
    printf("ptr = %x, ptr+1 = %x, ptr+2 = %x\n", ptr, ptr+1, ptr+2);
}
```

```
┌─ 🖥 結果 7-6 ──────────────────────────────────────┐
│ num[0] = 1, num[1]   = 8, num[2]   = 2            │
│ *num    = 1, *(num+1) = 8, *(num+2) = 2           │
│ *ptr    = 1, *(ptr+1) = 8, *(ptr+2) = 2           │
│ num = 64fde8, num+1 = 64fdec, num+2 = 64fdf0 （システムによって │
│ ptr = 64fde8, ptr+1 = 64fdec, ptr+2 = 64fdf0   異なるアドレスが出力される） │
└──────────────────────────────────────────────────┘
```

結果 7-6 からわかるように，ポインタ ptr と配列名 num は同じ意味になる。ポインタが 4 バイトずつ移動していることもわかる。

7.4.2 関数のポインタ渡しと配列

配列を指すポインタは配列名で表されるので，関数の引数に配列名を直接記述すれば，変数の時と同様に，関数の引数にポインタを渡したことになる。

例えば，これまでに何度か出てきた scanf( ) の引数は，

　　　　scanf("%d", &num);

のように変数のアドレスを渡していたが，引数が文字列配列の場合には，

　　　　scanf("%s", string);

となる。これは，文字列配列の配列名（string）がアドレスを表しているからである。

```
┌─ 📄 プログラム 7-7 関数引数と配列 ──────────────────┐
│ #include<stdio.h>                                  │
│ float average(float *h);                           │
│ void main(void)                                    │
│ {                                                  │
│     float  ave, height[10];                        │
│     int  i;                                        │
│     for(i = 0 ; i < 10 ; ++i){                     │
│         printf("Input hight.(cm)\n");         /* 身長入力 */│
│         scanf("%f", &height[i]);                   │
│     }                                              │
│     ave = average(height);    /* ポインタ渡しで関数呼び出し */│
│     printf("Average is %6.1f\n", ave);             │
│ }                                                  │
│ float average(float *h)       /* 関数本体（引数はポインタ） */│
│ {                                                  │
│     int i;                                         │
│     float av, total = 0.0;                         │
│     for(i = 0 ; i < 10; ++i)                       │
│         total += *(h+i);      /* 配列要素の和を計算 */│
│     av = total/10.0;          /* 平均値を計算      */│
│     return(av);                                    │
│ }                                                  │
└────────────────────────────────────────────────────┘
              160  180  175  145  155
              160  157  181  159  170 を入力
```

```
┌─ 🖥 結果 7-7 ──────┐
│ Average is 164.2   │
└────────────────────┘
```

プログラム 7-7 では，関数 average( ) の呼び出し時に，配列名 height を引数として渡している。配列名はその配列の第 1 要素を指すポインタである。関数 average( ) 内に記述

されている *(h+i) は，i を 0 から 9 まで変化させることで，配列の各要素を表す。

7.4.3 ポインタと 2 次元配列

1 次元配列では，ポインタを 1 ずつ増やすことで，配列要素のサイズ分ずつポインタが移動した。多次元配列では，どのように移動するであろうか。下の図は，2×3 の配列 num[2][3] とポインタの関係を表したものである。

```
              アドレス
   num+0   →  10001   num[0][0]
   num+1   →  10005   num[0][1]
   num+2   →  10009   num[0][2]
   num+3+0 →  10013   num[1][0]
   num+3+1 →  10017   num[1][1]
   num+3+2 →  10021   num[1][2]
```

6 章でも述べたように，配列は，同じ行番号で列番号の若い順に，メモリ上に記憶される。したがって，M 行 N 列の配列の場合に，i 行 j 列目の配列要素を指すポインタは

配列名＋N×i＋j

となる。2 次元配列の場合を例に，ポインタの指す位置に注意して次のプログラム 7-8 をみてみよう。5 名分の英語，数学，国語の 3 教科のテスト結果が 5×3 の配列に入っている。各教科の平均点を求めるための関数を，配列へのポインタを引数として作成する。

📄 プログラム 7-8　2 次元配列とポインタ

```c
#include<stdio.h>
void get_ave(float *score, float *ave);
void main(void)
{
    float   result[5][3]                             /* 点数の5×3配列 */
                = {{50,65,45},{77,80,90},{30,40,50},{75,92,80},{65,69,90}};
    float   average[3];                              /* 平均点の配列   */
    get_ave(result, average);                        /* ポインタ渡しで関数呼び出し*/
    printf("Average is %4.1f(Eng), %4.1f(Math), %4.1f(Jap)\n",
                    average[0], average[1], average[2]);
}
void get_ave(float *score, float *ave)               /* 関数本体（引数はポインタ） */
{
    int i, j;
    float total[3];
    for(i = 0 ; i < 3; ++i){
        total[i] = 0.0;                              /* 配列total[3]の初期化 */
        for(j = 0 ; j < 5; ++j)
            total[i] += *(score + 3*j + i);          /* 各教科の合計点算出   */
    }
    for(i = 0 ; i < 3 ; ++i)
        *(ave + i) = total[i]/5.0;                   /* 各教科の平均点算出   */
}
```

```
┌─ 🖥 結果 7-8 ─────────────────────────────────┐
│ Average is 59.4(Eng), 69.2(Math), 71.0(Jap)  │
└──────────────────────────────────────────────┘

関数 get_ave( ) 本体の記述をみてみよう。2つの引数は共に配列へのポインタである。1つ目の引数は点数の入った 5×3 配列で，2つ目の引数は関数内で求めた平均点を格納するための 3 行の配列である。点数の入った配列の j 行 i 列目の要素を指すポインタは score + 3*j + i で表される。

## 演習問題

(1) **[変数とポインタ]** プログラム 7-1 を例として，double 型の変数とその変数を指すポインタを宣言し，値 1.23 で初期化した後，その変数の値をポインタを使って表示せよ。また，そのポインタに格納されている値とその変数のアドレスが等しいことを表示して確認せよ。

(2) **[ポインタ渡しによる関数呼び出し]** 時間，分，秒を入力として，秒に換算し，換算結果を出力とする関数を作成せよ。ただし，入力の分と秒は，共に 0～60 とし，それ以外が入力された場合はエラーとして，戻り値を -1 で返す。正常終了の場合は戻り値を 0 とする。また，この関数を確認するための main 関数も作成すること。

(例答) 2 時間 15 分 17 秒 … 8117 秒

(3) **[ポインタ渡しによる関数呼び出し]** 球の半径を入力とし，算出した球の体積と表面積を出力とする関数を作成せよ。ただし，半径に 0 以下の値が入力された場合はエラーとし，戻り値 -1 を返すこと。正常終了の場合は戻り値 0 とする。また，この関数を確認するための main 関数も作成すること。円周率は 3.1415926536 とし，半径 R の球の体積 V，表面積 S を求める式は次の通りである。

$$V = \frac{4}{3}\pi R^3 \qquad S = 4\pi R^2$$

(例答) 半径 10.0 … 体積 4188.79 表面積 1256.64

(4) **[1次元配列のポインタ渡し]** 実数値の入った配列 (要素数は任意) を指すポインタと，その配列の要素数を引数とし，平均と分散を出力とする関数と main 関数を作成し，下の要素数 10 の配列の平均と分散を画面に出力せよ。

{50.0, 75.0, 62.0, 65.5, 80.0, 95.0, 90.5, 87.0, 80.0, 99.5}

ただし，平均 $\bar{x}$ と分散 $\sigma^2$ は次式で求める。

$$\bar{x} = \frac{1}{n}\sum_{i=1}^{n} x_i \qquad \sigma^2 = \frac{1}{n}\sum_{i=1}^{n}(x_i - \bar{x})^2$$

(答) 平均 78.5，分散 220.0

(5) **[2次元配列のポインタ渡し]** プログラム 7-8 を例として，5 名分 3 教科のテスト結果が 5×3 の配列に入っている時，各教科毎に点数の高い順に並び替えた配列を出力する関数と main 関数を作成せよ。

(答) 英語 77, 75, 65, 50, 30　数学 92, 80, 69, 65, 40　国語 90, 90, 80, 50, 45
```

8

構造体と共用体

　異なるデータ型の変数の集まりを，ひとまとまりのデータとして扱いたい場合がある。例えば，学生番号，身長，体重，名前の4種類のデータをひとまとめにし，学生というデータとして扱いたい場合などである。同じデータ型の変数の集まりは，配列を使えば実現できるが，異なるデータ型の場合には構造体を使う。

　共用体は，異なるデータ型の変数をひとまとめに記述するという点では，構造体に似ているが，全く異なるものである。共用体がまとめている個々のデータは，すべて同じメモリ上に記憶される。つまり，メモリを共用しているので，使用できるデータは常に1組だけである。ある場面ではこのデータ，別の場面ではこのデータという使い方はできるが，同時に使うことはできない。本章では，この構造体と共用体について示す。

8.1 構造体

　異なるデータ型の変数の集まりを，ひとまとめにしたものが構造体である。構造体の中に構造体を入れることもできる。また，構造体を配列にすることもできる。構造体を活用することで，複雑なプログラムをわかりやすく記述できる。

8.1.1 構造体の定義

　学生番号，身長，体重，名前の4種類のデータをひとまとめにし，学生というデータとして扱いたい場合を例として考えてみよう。

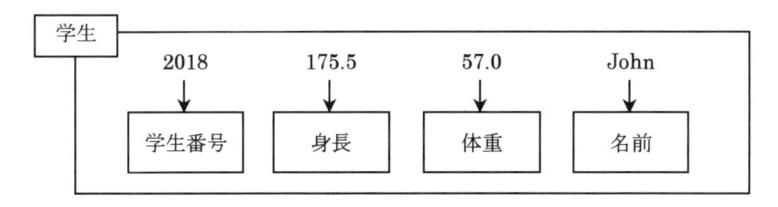

```
学生
         2018      175.5      57.0      John
          ↓         ↓          ↓         ↓
       [学生番号]  [身長]     [体重]    [名前]
```

　「学生番号」「身長」「体重」「名前」のデータは，それぞれデータ型の異なる変数である。また，それらの変数をまとめる「学生」という構造体も，データの入れ物であり，一種の変数である。構造体が一種の変数であるということは，その使用にあたって，構造体のデータ型の定義と変数名の宣言が必要だということになる。

　構造体のデータ型の定義は次のように行う。

```
        struct STUDENT{                    /* STUDENT 構造体の定義 */
                int     id;                /*  学生番号  */
                double  height;            /*   身長    */
                double  weight;            /*   体重    */
                char    name[12];          /*   名前    */
        };
```

定義文中の id, height, weight, name は，構造体を構成する変数で，構造体のメンバと呼ぶ。1 行目の STUDENT を構造体タグ名という。これは，一種のデータ型名のようなもので，他の構造体との区別をつけるための名称である。構造体変数の宣言は，このタグ名を使い，次のように行う。

```
        struct STUDENT stdata;         /* STUDENT 構造体の変数 stdata の宣言 */
        struct STUDENT stdata1, stdata2, stdata3;
```

文法 8-1　構造体の型定義

```
struct   構造体タグ名{
    データ型   変数名 1；
    データ型   変数名 2；
          ：
};
```

文法 8-2　構造体変数の宣言

```
struct   構造体タグ名   構造体変数名；
```
または，
```
struct   構造体タグ名   構造体変数名 1，構造体変数名 2，…；
```

また，構造体の型定義と構造体変数の宣言を同時に行うこともできる。

文法 8-3　構造体の型定義および変数の宣言

```
struct   構造体タグ名{
    データ型   変数名 1；
    データ型   変数名 2；
          ：
}   構造体変数名；
```

前述の STUDENT 構造体の場合，文法 8-3 に従って，変数 stdata の宣言を行うと次のようになる。

```
        struct STUDENT{                    /* STUDENT 構造体の定義 */
                int     id;                /*  学生番号  */
                double  height;            /*   身長    */
                double  weight;            /*   体重    */
                char    name[12];          /*   名前    */
        } stdata;                          /* 構造体変数 stdata の宣言 */
```

8.1.2　メモリ配置と初期化

構造体の各メンバは，記述順にメモリ上に配置される。前述の STUDENT 構造体の場合，メモリ配置は次の図のようになる。

8　構造体と共用体　　　　　　　　　　　　　　　　　　　　　　　　　　　73

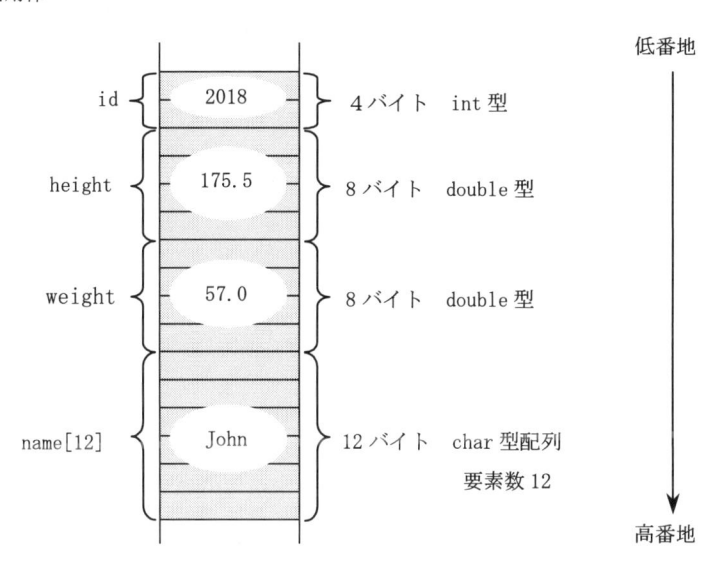

```
         ┌─ ┌──────┐              低番地 ↑
      id │  │ 2018 │  4バイト   int型
         └─ └──────┘
         ┌─ ┌──────┐
  height │  │ 175.5│  8バイト   double型
         └─ └──────┘
         ┌─ ┌──────┐
  weight │  │ 57.0 │  8バイト   double型
         └─ └──────┘
         ┌─ ┌──────┐
 name[12]│  │ John │  12バイト  char型配列
         └─ └──────┘              要素数12
                                              ↓ 高番地
```

　上の図のように，各メンバの記述順にメモリ領域が割り当てられる。構造体変数の初期化は，各メンバに割り当てる値を順に並べて行う。

文法 8-4　構造体変数の初期化（その 1）

　struct　構造体タグ名　構造体変数名 = {値1, 値2, 値3, … };

　前述のstdataの場合，文法8-4に従って初期化を行うと次のようになる。

　　　　struct　STUDENT　stdata = {2018, 175.5, 57.0, "John"};

　文法8-4は，文法8-2の構造体変数の宣言に初期化を付け加えたものであるが，文法8-3のように型定義と変数の宣言を同時に行ったものに初期化を付け加えたものが文法8-5である。

文法 8-5　構造体変数の初期化（その 2）

```
struct   構造体タグ名{
    データ型   変数名1;
    データ型   変数名2;
         :
} 構造体変数名= {値1, 値2, 値3, … };
```

　前述のstdataの場合，文法8-5に従って初期化を行うと次のようになる。

```
struct STUDENT{
    int     id;
    double  height;
    double  weight;
    char    name[12];
} stdata = {2018, 175.5, 57.0, "John"};         /* 初期化*/
```

8.1.3　各メンバへのアクセス

　構造体の各メンバに値を代入したり，格納されている値を参照するには，ピリオド（.）を使う。前述のstdataの場合，各メンバに値を代入すると次のようになる。

```
            stdata.id = 2018;
            stdata.height = 175.5;
            stdata.weight = 57.0;
            strcpy(stdata.name, "John");
```

最後の行の strcpy( ) は文字列を配列に代入するライブラリ関数である（9章参照）。構造体の型定義，構造体変数の宣言と初期化，各メンバへのアクセスの例として，次のプログラム 8-1 をみてみよう。

📄 プログラム 8-1　構造体の定義と活用

```c
#include<stdio.h>
void main(void)
{
    struct STUDENT{                     /* STUDENT 構造体の定義 */
        int    id;                      /* 学生番号 */
        double height;                  /*  身長   */
        double weight;                  /*  体重   */
        char   name[12];                /*  名前   */
    };
                                        /* 構造体変数の宣言と初期化 */
    struct STUDENT stdata0 = {2018, 175.5, 57.0, "John"},
                   stdata1 = {2032, 155.5, 47.5, "Julia"},
                   stdata2 = {2037, 160.0, 70.0, "Mike"};

    printf("ID = %4d, Height = %6.1f, Weight = %5.1f, Name = %s\n",
           stdata0.id, stdata0.height, stdata0.weight, stdata0.name);
    printf("ID = %4d, Height = %6.1f, Weight = %5.1f, Name = %s\n",
           stdata1.id, stdata1.height, stdata1.weight, stdata1.name);
    printf("ID = %4d, Height = %6.1f, Weight = %5.1f, Name = %s\n",
           stdata2.id, stdata2.height, stdata2.weight, stdata2.name);
}
```

🖥 結果 8-1

```
ID = 2018, Height =  175.5, Weight =  57.0, Name = John
ID = 2032, Height =  155.5, Weight =  47.5, Name = Julia
ID = 2037, Height =  160.0, Weight =  70.0, Name = Mike
```

プログラム 8-1 では，stdata0.id, stdata1.height, stdata2.name などの構造体メンバを printf 文の引数に渡し，その値を表示している。

8.1.4　構造体の配列

構造体変数を配列にすることもできる。前節のプログラム 8-1 では，構造体変数 stdata0, stdata1, stdata2 を定義した。このように同じ構造体の変数として宣言された変数の並びは，配列にするとわかりやすく簡潔になる。

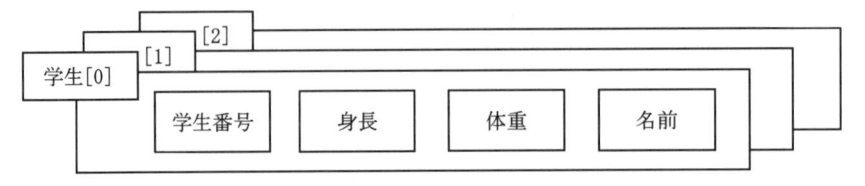

構造体配列とは，構造体変数が配列になったものである。前述の STUDENT 構造体の場合，

8 構造体と共用体

次のように宣言する。

```
struct STUDENT stlist[3];
```

文法 8-6 構造体配列の宣言

struct　構造体タグ名　配列名[要素の個数]；

または，

struct　構造体タグ名　配列名1[要素の個数1], 配列名2[要素の個数2] …；

また，構造体の型定義と構造体配列の宣言を同時に行うこともできる。

文法 8-7 構造体の型定義および配列の宣言

```
struct　構造体タグ名{
    データ型　変数名1；
    データ型　変数名2；
        ⋮
} 配列名[要素の個数];
```

構造体配列の初期化は次のように行う。文法 8-7 のように，型定義と配列の宣言を同時に行ったものに初期化を付け加えることもできる

文法 8-8 構造体配列の初期化

```
struct　構造体タグ名　構造体配列名[要素の個数]
    ={{0番目要素のメンバ1の値，0番目要素のメンバ2の値，…　}，
      {1番目要素のメンバ1の値，1番目要素のメンバ2の値，…　}，
      …　}；
```

前節のプログラム 8-1 を，配列を使って書き直したものが次のプログラム 8-2 である。

📄 プログラム 8-2 構造体配列

```c
#include<stdio.h>
void main(void)
{
    int i;
    struct STUDENT{                     /* STUDENT 構造体の定義 */
        int    id;                      /* 学生番号 */
        double height;                  /*   身長   */
        double weight;                  /*   体重   */
        char   name[12];                /*   名前   */
    };
                                        /* 構造体変数の宣言と初期化 */
    struct STUDENT stlist[3] = {{2018, 175.5, 57.0, "John"},
                                {2032, 155.5, 47.5, "Julia"},
                                {2037, 160.0, 70.0, "Mike"}};
    for(i = 0 ; i < 3 ; ++i)
        printf("ID = %4d, Height = %6.1f, Weight = %5.1f, Name = %s\n",
           stlist[i].id, stlist[i].height, stlist[i].weight, stlist[i].name);
}
```

⬇

🖥 結果 8-2

```
ID = 2018, Height =  175.5, Weight =  57.0, Name = John
ID = 2032, Height =  155.5, Weight =  47.5, Name = Julia
ID = 2037, Height =  160.0, Weight =  70.0, Name = Mike
```
---

stlist[i].id, stlist[i].height, stlist[i].name などは，配列の i 番目の要素の構造体メンバに格納された値である。

8.1.5 構造体の入れ子

構造体の中に構造体を持つこともできる。学生の構造体が生年月日の構造体を入れ子として持ったものが次の図である。

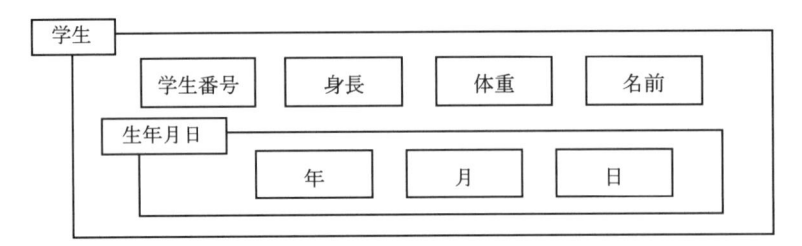

```
┌学生─────────────────────────────────────────┐
│  ┌────────┐ ┌────┐ ┌────┐ ┌────┐           │
│  │ 学生番号 │ │ 身長 │ │ 体重 │ │ 名前 │      │
│  └────────┘ └────┘ └────┘ └────┘           │
│  ┌生年月日──────────────────────┐            │
│  │   ┌────┐  ┌────┐  ┌────┐   │            │
│  │   │ 年 │  │ 月 │  │ 日 │   │            │
│  │   └────┘  └────┘  └────┘   │            │
│  └────────────────────────────┘            │
└────────────────────────────────────────────┘
```

上の図で表される構造体のデータ型の定義は次のように行う。

```c
struct STUDENT{                   /* STUDENT 構造体の定義 */
    int    id;                    /*  学生番号  */
    double height;                /*   身長    */
    double weight;                /*   体重    */
    char   name[12];              /*   名前    */
    struct DATE{                  /* DATE 構造体の定義 */
        int year;                 /*    年    */
        int month;                /*    月    */
        int day;                  /*    日    */
    } birthday;
};
```

上の例では，日付を表す DATE 構造体を STUDENT 構造体の内部で定義している。DATE 構造体を先に定義しておき，STUDENT 構造体の中で使用する形のものが次の例である。

```c
struct DATE{                      /* DATE 構造体の定義 */
    int year;                     /*    年    */
    int month;                    /*    月    */
    int day;                      /*    日    */
};
struct STUDENT{                   /* STUDENT 構造体の定義 */
    int    id;                    /*  学生番号  */
    double height;                /*   身長    */
    double weight;                /*   体重    */
    char   name[12];              /*   名前    */
    struct DATE birthday;         /*   誕生日   */
};
```

なお，DATE 構造体を宣言する前に，STUDENT 構造体を宣言してはならない。STUDENT 構造体内で DATE 構造体を使うため，コンパイル時に DATE 構造体の未定義エラーとなる。

8 構造体と共用体

文法 8-9 構造体の入れ子定義

```
struct 構造体タグ名1{
    データ型 変数名1;
    データ型 変数名2;
        :
    struct 構造体タグ名2{
        データ型 変数名3;
            :
    } 構造体変数名;
};
```
または,
```
struct 構造体タグ名2{
    データ型 変数名3;
        :
};
struct 構造体タグ名1{
    データ型 変数名1;
    データ型 変数名2;
        :
    struct 構造体タグ名2 構造体変数名;
};
```

前述の STUDENT 構造体の場合，構造体変数名を stdata とすれば，入れ子内のメンバは次のように表される。

```
stdata.birthday.year
stdata.birthday.month
stdata.birthday.day
```

入れ子の階層の深さに応じてピリオドの数が増えることになる。入れ子を使った構造体の例を次のプログラムでみてみよう。

プログラム 8-3 構造体の入れ子

```c
#include<stdio.h>
void main(void)
{
    struct DATE{                    /* DATE 構造体の定義 */
        int year;                   /*   年   */
        int month;                  /*   月   */
        int day;                    /*   日   */
    };
    struct STUDENT{                 /* STUDENT 構造体の定義 */
        int  id;                    /* 学生番号 */
        struct DATE birthday;       /* 誕生日 */
    };
    struct STUDENT stdata = {2018, {1966, 2, 22}}; /* 構造体変数の宣言と初期化 */
    printf("ID = %4d, Birthday = %4d/%2d/%2d\n", stdata.id,
        stdata.birthday.year, stdata.birthday.month, stdata.birthday.day);
    stdata.id = 2035;                           /* 各メンバに値を代入 */
    stdata.birthday.year = 1967;
    stdata.birthday.month = 1;
    stdata.birthday.day = 23;
    printf("ID = %4d, Birthday = %4d/%2d/%2d\n", stdata.id,
        stdata.birthday.year, stdata.birthday.month, stdata.birthday.day);
}
```

> **結果 8-3**
> ID = 2018, Birthday = 1966/ 2/22
> ID = 2035, Birthday = 1967/ 1/23

8.1.6 構造体の typedef

構造体はデータ型の一種なので，typedef 文により新しい名前を別名として定義することができる。この新しい名前を使って構造体変数の宣言を行うと，宣言が簡略化される。

> **文法 8-10 構造体の typedef**
> ```
> typedef struct   構造体タグ名{
>     データ型　変数名１;
>     データ型　変数名２;
>         :
> } 新しい構造体名 ;
> ```

次の例では，STUDENT 構造体に新しい名前 ST_DATA を付けている。

```
typedef struct STUDENT{              /* STUDENT 構造体の定義 */
        int    id;                   /* 学生番号 */
        double height;               /*  身長   */
        double weight;               /*  体重   */
        char   name[12];             /*  名前   */
} ST_DATA;
```

新しい構造体名 ST_DATA を使って構造体変数 stdata の宣言をすると次のようになる。

```
ST_DATA  stdata;              /* ST_DATA 構造体変数の宣言 */
```

8.1.7 構造体とポインタ

ポインタは変数を指すものなので，構造体変数を指し示すこともできる。int 型の変数 data を指すポインタ ptr の宣言は，

```
int *ptr;          /* int 型の変数 data を指すポインタ変数 ptr の宣言 */
ptr = &data;                     /* ptr に data のアドレスを代入      */
```

のように行った。構造体はデータ型の一種なので，STUDENT 型の構造体変数 stdata を指すポインタ stptr の宣言は次のようになる。

```
struct STUDENT *stptr;         /* STUDENT 型の構造体変数 stdata を */
                               /* 指すポインタ変数 stptr の宣言    */
stptr = &stdata;               /* stptr に stdata のアドレスを代入 */
```

> **文法 8-11 構造体変数を指すポインタの宣言**
> ```
> struct  構造体タグ名 *構造体ポインタ変数名 ;
> 構造体ポインタ変数 = &構造体変数 ;
> ```

構造体の各メンバに値を代入したり，格納されている値を参照するには，

```
stdata.id
```

のようにピリオド（.）を使ったが，ポインタを介して各メンバにアクセスするには矢印（->）を使い，次のように行う。矢印（->）は，マイナス記号（-）とかぎ括弧（>）を組み合わせたものである。

```
stptr->id
```

前述の構造体変数 stdata を指すポインタ stptr の場合，各メンバに値を代入すると次のようになる。

```
stptr->id = 2018;
stptr->height = 175.5;
stptr->weight = 57.0;
strcpy(stptr->name, "John");
```

配列を指すポインタの場合と同様に，関数引数に構造体配列を渡し，内部で各メンバに格納された値の変更等を行う場合には，引数をポインタにする必要がある。

関数引数に構造体ポインタを渡す例として，次のプログラム 8-4 をみてみよう。

── 📄 **プログラム 8-4　関数引数と構造体ポインタ** ──

```c
#include<stdio.h>
    struct STUDENT{                              /* STUDENT 構造体の定義     */
        int    id;                                /* 学生番号 */
        double height;                            /* 身長     */
        double weight;                            /* 体重     */
        char   name[12];                          /* 名前     */
    };
void print_data(struct STUDENT data);         /* 関数 print_data の宣言    */
void up_data(struct STUDENT *ptr);            /* 関数 up_data の宣言       */
void main(void)
{
                                                /* 構造体変数の宣言と初期化 */
    struct STUDENT stdata = {2018, 175.5, 57.0, "John"};

    print_data(stdata);      /* stdata を引数として関数呼び出し            */
    up_data(&stdata);        /* stdata のアドレスを引数として関数呼び出し  */
    print_data(stdata);      /* stdata を引数として関数呼び出し            */
}
void print_data(struct STUDENT data)
{                                               /* 構造体メンバの値を表示   */
    printf("ID = %4d, Height = %6.1f, Weight = %5.1f, Name = %s\n",
                    data.id, data.height, data.weight, data.name);
}
void up_data(struct STUDENT *ptr)
{
    double h, w;
    printf("Height, Weight?\n");
    scanf("%lf, %lf", &h, &w);                  /* 身長，体重を入力         */
    ptr->height = h;                            /* 構造体メンバに値を代入   */
    ptr->weight = w;
}
```

── 🖥 **結果 8-4** ──

```
ID = 2018, Height =  175.5, Weight =  57.0, Name = John
Height, Weight?
```

↓ 170.3, 63.0 を入力

💻 結果 8-4
```
ID = 2018, Height =  170.3, Weight =  63.0, Name = John
```

関数 up_data では，引数として構造体のポインタを渡している。そのため，関数内では矢印を使って構造体メンバにアクセスしている。一方，関数 print_data では，引数としてポインタではなく構造体そのものを渡している。そのため，関数内ではピリオドを使って構造体メンバにアクセスしている。この例では，ポインタ渡しと実体渡しの区別を知る意味でその両方の関数を作成したが，構造体そのものを引数として渡すということは，処理速度の面から考えても好ましくないので，あまりこのような記述はしない方がよい。

8.2 共用体

共用体では，異なるデータ型の変数を同じメモリ領域に格納する。メモリ領域を共用することから共用体と呼ぶ。異なる場面ごとにメモリ領域を使い分け，メモリ領域を有効に利用するためのものである。

8.2.1 共用体の定義

共用体は，構造体とは異なるものであるが，その定義方法はほぼ同じである。構造体を表す struct の記述は，共用体を表す union の記述に変わる。共用体もまた，データ型の一種なので，使用にあたっては，型定義と変数宣言が必要である。

文法 8-12 共用体の型定義
```
union   共用体タグ名{
    データ型   変数名1；
    データ型   変数名2；
          ⋮
};
```

文法 8-13 共用体変数の宣言
```
union   共用体タグ名   共用体変数名；
```
または，
```
union   共用体タグ名   共用体変数名1，共用体変数名2，…；
```

型定義と変数の宣言を同時に行うことができる。

文法 8-14 共用体の型定義および変数の宣言
```
union   共用体タグ名{
    データ型   変数名1；
    データ型   変数名2；
          ⋮
}   共用体変数名；
```

下の共用体の定義例では，UNI_DATA 共用体を定義し，udata という名前の共用体変数を宣言している。

```
union UNI_DATA{                    /* UNI_DATA 共用体の定義   */
        char   c_data;             /* char 型データ   */
        int    d_data;             /* int 型データ    */
        double f_data;             /* double 型データ */
} udata;
```

8.2.2 メモリ配置と初期化

共用体のメモリ配置を図に表すと次のようになる。

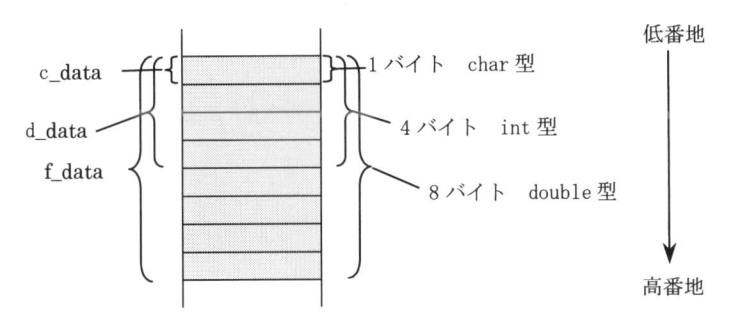

上の図からわかるように，共用体には，最も大きなサイズのメンバと同じ大きさのメモリ領域が割り当てられる。各メンバがメモリを共有し，メモリ領域を有効に利用している。ただし，格納される値は，常にどれか1つのメンバの値である。そのため，初期化は1番目のメンバにしか行うことができない。型定義と変数の宣言を同時に行ったものに，構造体と同様に，初期化を付け加えることも可能である。

文法 8-15　共用体変数の初期化

　union　共用体タグ名　共用体変数名　＝　{1番目のメンバの初期値};

8.2.3 各メンバへのアクセス

共用体の各メンバへのアクセスは，構造体と同じようにピリオド（.）を使う。ポインタによる参照の場合も，構造体と同じ矢印（->）を使う。

前述のUNI_DATA共用体udataを指すポインタをuptrとした場合，メンバへの値の代入は次のようになる。

```
udata.d_data = 12;
uptr->d_data = 12;
```

入れ子構造が可能な点でも共用体と構造体は似ている。また，構造体の中の共用体，共用体の中の構造体を定義することもできる。どの場合でも，メンバへのアクセスにはピリオドを使う（ポインタの場合は矢印）。

8.2.4 共用体の typedef

typedef文が有効であることも構造体と同じである。typedef文で指定した新しい名前を使って共用体変数の宣言を行うと，変数の宣言が簡略化される。

文法 8-16 共用体の typedef

```
typedef union    共用体タグ名{
    データ型    変数名 1；
    データ型    変数名 2；
            ：
} 新しい共用体名；
```

これまでの文法を参考にして，共用体を使ったプログラムの例をみてみよう。

📄 プログラム 8-5 共用体

```c
#include<stdio.h>
typedef union UNI_DATA{                 /* UNI_DATA 共用体の typedef */
        char    c_data;                 /* char 型データ    */
        int     d_data;                 /* int 型データ     */
        double  f_data;                 /* double 型データ*/
    } UNI_D;
void main(void)
{
    UNI_D udata = {'A'};                /* 共用体変数の宣言と初期化 */

    printf("udata.c_data = %c\n", udata.c_data);

    udata.d_data = 123;
    printf("udata.d_data = %d\n",udata.d_data);

    udata.f_data = 123.45;
    printf("udata.f_data = %lf\n",udata.f_data);
}
```

🖥 結果 8-5

```
udata.c_data = A
udata.d_data = 123
udata.f_data = 123.450000
```

プログラム 8-5 では，各メンバ毎に値を代入して表示している。あるメンバ（例：c_data）に値を代入した時点で，その他のメンバ（例：d_data や f_data）の値を参照して表示しても，おかしな値が表示される。udata.c_data に代入した値 'A' は，udata.d_data に値 123 を代入した時点で壊れている。これは，共用体はメモリ領域を共用するためである。

演習問題

(1) **[構造体]** 事務用品の注文データをキーボードから入力し，画面に表示するプログラムを作成せよ。ただし，注文データは，注文月日（月日を表す 4 桁の整数），注文品（"A4Paper"，"B5Paper"等 10 文字以内の文字列），注文数（数を表す整数），発注元（'A', 'B', 'C'等，発注元種別を表す文字）をメンバとする構造体とすること。

(2) **[構造体の入れ子]** (1)で作成したプログラム中の注文月日（4 桁）を表す整数型メンバを，年（4 桁），月（2 桁），日（2 桁）を表す 3 つの整数型メンバに変更し，その

8 構造体と共用体

注文年月日のデータが(1)で作成した構造体の入れ子構造体となるようにプログラムを変更せよ。

(3) [**構造体の入れ子**] ある学生のデータが以下の通りであった。このデータを適切な構造体に格納した後，画面に次の通りに表示するプログラムを作成せよ。

学生番号	生年月日	英語	数学	国語
2034	1980/1/31	A	B	A

(4) [**関数引数としての構造体ポインタ**] (3)のプログラムを変更し，キーボードから入力された変更データ（生年月日）を反映して画面に表示し直すプログラムを作成せよ。
ヒント：プログラム 8-4 で作成した関数 up_data( ) を参考にすること。

(5) [**構造体の配列**] ある都市の月間平均気温，月間降水量が，以下の通りであった。表中のデータを構造体の配列に格納した後，年間平均気温，年間平均降水量を求めるプログラムを作成せよ。

月	1	2	3	4	5	6	7	8	9	10	11	12
平均気温	3.6	4.3	7.5	13.5	18.0	21.7	25.6	26.8	22.8	16.9	11.4	6.2
降水量	50	61	98	153	162	210	218	170	209	121	74	48

（答）年間平均気温 14.9 年間平均降水量 131.17

(6) [**関数引数としての構造体配列ポインタ**] (5)のプログラムを変更し，キーボードから入力された変更データ（月，平均気温，降水量）を反映して年間平均気温，年間平均降水量を算出し直すプログラムを作成せよ。

（例答）1月の平均気温 2.4 降水量 74 に変更の場合
年間平均気温 14.8 年間平均降水量 133.17

ヒント：プログラム 8-4 で作成した関数 up_data( ) を参考にすること。

(7) [**共用体**] プログラム 8-5 を参考に，int 型と float 型のメンバを持つ共用体を定義し，各メンバに値を代入した後に画面に表示するプログラムを作成せよ。

9

ライブラリ関数

　入出力を扱う標準関数については3章で学んだ。標準関数はライブラリ関数とも呼ばれる。C言語には，標準入出力関数以外にも便利な関数が多数用意されており，これらを活用すると，幅広いプログラムが作成できる。本章では，多数のライブラリ関数の中から，よく使われるものに限って取り上げ，その記述方法と使用例を示す。3章で既に学習済みの標準入出力関数，および，10章で取り上げるファイル操作関数については，該当する章を参照して欲しい。ただし，入出力関数のうち，バッファに出力する関数であるsprintf()については本章で示す。

9.1 ライブラリ関数の使用方法

　ライブラリ関数を使用する場合，必要なヘッダファイルを#include文を使って，取り込む必要がある。これまでのサンプルプログラムでも，ヘッダstdio.hを必ずインクルードしてきた。stdio.hは，printf()などの標準入出力関数に必要なヘッダであるが，ライブラリ関数によって必要なヘッダファイルは異なる。また，システムによってヘッダファイル名が異なる場合もあるので，コンパイラのヘルプ等で確認して欲しい。

　関数には，一部を除き，引数と戻り値がある。それらのデータ型，引数の並び順は，ライブラリ関数ごとに決まっている。本書では，それらが一目でわかるように，各ライブラリ関数を次のような表で記述する。実際の使用方法については，表に続くサンプルプログラムで確認して欲しい。

　まず，2つの文字列を結合する関数 strcat() を例にとり，表の見方を説明する。

名称	strcat(str1, str2)			
機能	2つの文字列を結合する			
ヘッダ	string.h			
引数	型	変数名	IN/OUT	定義
	char*	str1	IN/OUT	結合する文字列へのポインタ
	char*	str2	IN	結合する文字列へのポインタ
返り値	char*		OUT	結合後の文字列へのポインタ

　引数の項目中にあるIN/OUTは，その引数が入力(IN)として使用されるのか，出力(OUT)として使用されるのかの区別が記してある。引数が入力としても出力としても使用される場合には，IN/OUTと記す。この例では，入力としてstrcat()に渡されたstr1とstr2は，結合されて，結果が引数str1に代入されて出力される。つまり，str1は入力にも出力にも使用されているのでIN/OUTとなる。

この例では，引数の型が char* となっており，char 型へのポインタを表している。文字列を引数とする場合には，必ず char* 型となる（7 章参照）。

名称欄に引数の変数名（この例では str1, str2）が記述されているが，これらは引数欄の変数名と対応している。引数は，記述されている順序に従い使用しなければならない。なお，引数の変数名は，並び順との対応付けのために便宜上つけたものである。

9.2 文字列操作関数

文字列の結合，コピーなどの操作を行う関数について示す。

9.2.1 strcat( )

strcat( ) では，1 番目の引数 str1 の最後のヌル文字を削除し，str2 を連結して 1 つの文字列とする。この関数の説明表は前述の通りである。

プログラム 9-1 strcat( )

```c
#include<stdio.h>
#include<string.h>
void main(void)
{
    char str1[10] = "ABC";                              /* 文字列の宣言と初期化 */
    char str2[10] = "XYZ";
    printf("str1 = %s\nstr2 = %s\n\n", str1, str2);     /* 結合前の表示         */

    strcat(str1, str2);                                 /* 2 つの文字列を結合    */
    printf("str1 = %s\nstr2 = %s\n", str1, str2);       /* 結合後の表示         */
}
```

結果 9-1

```
str1 = ABC
str2 = XYZ

str1 = ABCXYZ
str2 = XYZ
```

プログラム 9-1 では，strcat( ) で結合する前と後の引数の状態を printf( ) で画面出力している。引数 str1 は，ABC として入力され，ABCXYZ として出力されている。str2 は入力として使用されただけなので変化しない。引数 str1 は，結合後の文字列を返す変数としても使用されるので，結合後の文字列の長さも考慮に入れて配列のサイズ（要素数）を決めなければならない。

9.2.2 strncpy( ), strcpy( )

strncpy( ) は，2 番目の引数 str2 が指し示す文字列を，1 番目の引数 str1 が指し示す領域に指定文字数分コピーする。一方，strcpy( ) にはコピーする文字数の指定がなく，str2 が指し示す文字列を，最後のヌル文字までコピーする。

どちらの関数も，strcat( ) と同様に，配列（領域）のサイズに注意が必要である。なお，次の表中の引数 num のデータ型 size_t は，sizeof 演算子の型で，符号なし整数である。

名称	strncpy(str1, str2, num)			
機能	文字列を，指定文字数分指定領域にコピーする			
ヘッダ	string.h			
引数	型	変数名	IN/OUT	定義
	char*	str1	OUT	コピー先の領域を指すポインタ
	char*	str2	IN	コピーする文字列へのポインタ
	size_t	num	IN	コピーする文字数
返り値	char*		OUT	コピー先の領域を指すポインタ

名称	strcpy(str1, str2)			
機能	文字列を指定領域にコピーする			
ヘッダ	string.h			
引数	型	変数名	IN/OUT	定義
	char*	str1	OUT	コピー先の領域を指すポインタ
	char*	str2	IN	コピーする文字列へのポインタ
返り値	char*		OUT	コピー先の領域を指すポインタ

プログラム 9-2 strncpy( ), strcpy( )

```c
#include<stdio.h>
#include<string.h>
void main(void)
{
    char str1[7] = "ABCDEF";                /* 文字列の宣言と初期化   */
    char str2[7] = "abcdef";

    strncpy(str2, str1, 3);                 /* 文字列を str2 にコピー */
    printf("str1 = %s  str2 = %s\n", str1, str2);
    strcpy(str2, str1);                     /* 文字列を str2 にコピー */
    printf("str1 = %s  str2 = %s\n", str1, str2);
}
```

結果 9-2

```
str1 = ABCDEF    str2 = ABCdef
str1 = ABCDEF    str2 = ABCDEF
```

9.2.3 strncmp( ), strcmp( )

2つの文字列が同一かどうかを判定するための関数である。比較する文字数を指定できるものが strncmp( ) であり，文字列を構成するすべての要素を比較対象とするのが strcmp( ) である。比較した結果，文字列が同一だった場合には，返り値として 0 を返す。異なる場合で，str1 が str2 より大きい場合には正，小さい場合には負を返す。同一文字かどうかは，文字コードで判断するため，大文字と小文字も異なる文字とみなされる。

名称	strncmp(str1, str2, num)			
機能	2つの文字列を，指定文字数分比較する			
ヘッダ	string.h			
引数	型	変数名	IN/OUT	定義
	char*	str1	IN	比較する文字列へのポインタ
	char*	str2	IN	比較する文字列へのポインタ
	size_t	num	IN	比較する文字数

9 ライブラリ関数

返り値	int		OUT	0（同一）/正または負の数（異）
名称	strcmp(str1, str2)			
機能	2つの文字列を比較する			
ヘッダ	string.h			
引数	型	変数名	IN/OUT	定義
	char*	str1	IN	比較する文字列へのポインタ
	char*	str2	IN	比較する文字列へのポインタ
返り値	int		OUT	0（同一）/正または負の数（異）

プログラム 9-3 strncmp( ), strcmp( )

```
#include<stdio.h>
#include<string.h>
void main(void)
{
    char str1[10] = "ABCDEF";              /* 文字列の宣言と初期化 */
    char str2[10] = "ABCxyz";
    printf("%d, ", strncmp(str1, str2, 10));
    printf("%d, ", strncmp(str1, str2, 6));
    printf("%d, ", strncmp(str2, str1, 6));
    printf("%d, ", strncmp(str1, str2, 3));
    printf("%d\n", strncmp(str1, str2, 1));
    printf("%d\n", strcmp(str1, str2));
}
```

結果 9-3

```
-1, -1, 1, 0, 0
-1
```

9.2.4 strlen( )

文字列の操作を行う場合，その文字列のサイズ（文字数）を知りたいケースが出てくる。ヌル文字までの配列要素数を自分でカウントすることもできるが，strlen( )を使うと簡単に文字数を得ることができる。

名称	strlen(string)			
機能	文字列の文字数を得る（ヌル文字は含まない）			
ヘッダ	string.h			
引数	型	変数名	IN/OUT	定義
	char*	string	IN	文字数を得る文字列へのポインタ
返り値	size_t		OUT	文字列の長さ

プログラム 9-4 strlen( )

```
#include<stdio.h>
#include<string.h>
void main(void)
{
    char string[10];                       /* 文字列の宣言と初期化 */
    int number;
    printf("Please input string.\n");
    scanf("%s", string);                   /* キーボードから入力   */

    number = strlen(string);               /* 文字数を得る         */
    printf("%s has %d characters.\n", string, number);
}
```

↓ Hello を入力

--- 結果 9-4 ---
```
Hello has 5 characters.
```

9.3 数学関数

三角関数などの数式計算を行う関数である。数学関数は，stdlib.h または math.h をインクルードする必要がある。

9.3.1 abs( ), fabs( )

abs( )は整数引数の絶対値を，fabs( )は実数引数の絶対値を求める関数である。引数，返り値のデータ型は，abs( )では int，fabs( )では double である。どちらも使用方法は同じであるので，fabs( )の表は省略する。

名称	abs(data)			
機能	引数の絶対値を求める			
ヘッダ	stdlib.h			
引数	型	変数名	IN/OUT	定義
	int	data	IN	絶対値を得る変数
返り値	int		OUT	絶対値

--- プログラム 9-5 abs( ) ---
```c
#include<stdio.h>
#include<stdlib.h>
void main(void)
{
    int in_data, out_data;
    printf("Please input number.\n");
    scanf("%d", &in_data);              /* キーボードから入力 */

    out_data = abs(in_data);            /* 絶対値を得る       */
    printf("Absolute value of %d is %d.\n", in_data, out_data);
}
```
↓ -7 を入力

--- 結果 9-5 ---
```
Absolute value of -7 is 7.
```

9.3.2 rand( )

疑似乱数を生成する関数である。引数はなし。通常，関数 srand( )で乱数を初期化してから使用する。srand( )の引数に整数値を入力すると，疑似乱数列の初期値が設定される。srand( )で同じ初期化を行えば，同じ疑似乱数列が rand( )で生成される。

名称	rand( )			
機能	乱数を生成する(0〜RAND_MAX($2^{15}-1$ または $2^{31}-1$：stdlib.h で定義)の範囲の整数)			
ヘッダ	stdlib.h			
引数	型	変数名	IN/OUT	定義

9 ライブラリ関数

返り値	int		OUT	生成した乱数

📄 プログラム 9-6 rand( )

```c
#include<stdio.h>
#include<stdlib.h>
void main(void)
{
    int i, j, number;
    srand(0);                              /* 乱数の初期化        */
    for(i = 0 ; i < 10 ; ++i){             /* 10回繰り返す        */
        printf("No.%2d:", i+1);
        number = rand();                   /* 乱数を得る          */
        for(j = 0 ; j < number/(RAND_MAX/10); ++j)  /* 10までの乱数に変換し */
            printf("*");                   /* その数分*マークを出力*/
        printf("\n");
    }
}
```

💻 結果 9-6

```
No. 1:
No. 2:**
No. 3:******
No. 4:
No. 5:**
No. 6:***
No. 7:**
No. 8:********
No. 9:***
No.10:********
```

9.3.3 pow( )

基数と乗数を入力し，ベキ乗を求める関数である。エラー時には0を返す。

名称	pow(x, y)			
機能	引数xの引数y乗を求める			
ヘッダ	math.h			
引数	型	変数名	IN/OUT	定義
	double	x	IN	ベキ乗の基数
	double	y	IN	ベキ乗の乗数
返り値	double		OUT	計算結果（エラーの場合は0）

📄 プログラム 9-7 pow( )

```c
#include<stdio.h>
#include<math.h>
void main(void)
{
    double x, y, z;
    printf("Input two numbers.\n");
    scanf("%lf, %lf", &x, &y);             /* 2数値の取り込み */
    z = pow(x, y);                         /* xのy乗を求める */
    if(z == 0.0)
        printf("Failure.\n");
    else
        printf("pow(%4.1f, %4.1f) = %6.1f\n", x, y, z);
}
```

↓ 2, 4 を入力

```
━━ 🖥 結果 9-7 ━━━━━━━━━━━━━━━━━━━━━━━━━━━━━━━━━━━━━━━━
pow( 2.0, 4.0) =   16.0
```

9.3.4 sqrt( )

平方根を求める関数である。pow( )と同様に，エラー時には0を返す。

名称	sqrt(x)			
機能	引数の平方根を求める			
ヘッダ	math.h			
引数	型	変数名	IN/OUT	定義
	double	x	IN	平方根を求める実数 (>=0)
返り値	double		OUT	計算結果（エラーの場合は0）

```
━━ 📄 プログラム 9-8 sqrt( ) ━━━━━━━━━━━━━━━━━━━━━━━━━━
#include<stdio.h>
#include<math.h>
void main(void)
{
    double x, y;
    printf("Input a number.\n");
    scanf("%lf", &x);                      /* 数値の取り込み   */

    y = sqrt(x);                           /* xの平方根を求める */
    if(y == 0.0)
        printf("Failure.\n");
    else
        printf("sqrt(%4.1f) = %6.3f\n", x, y);
}
```

↓ 12 を入力

```
━━ 🖥 結果 9-8 ━━━━━━━━━━━━━━━━━━━━━━━━━━━━━━━━━━━━━━━
sqrt(12.0) =  3.464
```

9.3.5 sin( ), cos( ), tan( )

sin( )は正弦を求める関数である。余弦を求めるcos( )，正接を求めるtan( )も，引数と返り値のデータ型は同じである。引数の角度はラジアンで入力する。度（°）とラジアンの変換は次式で行う。

$$1° = \frac{180}{\pi} \text{ （ラジアン）}$$

名称	sin(angle), cos(angle), tan(angle)			
機能	正弦，余弦，正接を求める			
ヘッダ	math.h			
引数	型	変数名	IN/OUT	定義
	double	angle	IN	角度（ラジアン）
返り値	double		OUT	計算結果

9 ライブラリ関数

📄 プログラム 9-9 sin( ), cos( ), tan( )

```
#include<stdio.h>
#include<math.h>
void main(void)
{
    double ang;
    printf("Input angle.\n");
    scanf("%lf", &ang);                    /* 角度(ラジアン)の取り込み */

    /* 正弦, 余弦, 正接の値を表示 */
    printf("sin = %6.3f\ncos = %6.3f\ntan = %6.3f\n",
                                        sin(ang), cos(ang), tan(ang));
}
```

↓ 2.5 を入力

🖥 結果 9-9

```
sin =  0.598
cos = -0.801
tan = -0.747
```

9.3.6 exp( )

実数の指数値を求める関数である。

名称	exp(x)			
機能	指数値を求める			
ヘッダ	math.h			
引数	型	変数名	IN/OUT	定義
	double	x	IN	指数値を求める実数
返り値	double		OUT	計算結果

9.3.7 log( ), log10( )

log( )は底が e の自然対数を求める関数である。log10( )は底が 10 の常用対数を求める関数である。引数や返り値の型はどちらも同じである。引数として 0 以下の数値を入力すると，正しい結果は得られない。

名称	log(x), log10(x)			
機能	自然対数，常用対数を求める			
ヘッダ	math.h			
引数	型	変数名	IN/OUT	定義
	double	x	IN	対数を求める実数
返り値	double		OUT	計算結果

📄 プログラム 9-10 exp( ), log( ), log10( )

```
#include<stdio.h>
#include<math.h>
void main(void)
{
    printf( "%f\n", exp(.5) );
    printf( "%f\n", log(.5) );
    printf( "%f\n", log10(.5) );
}
```

```
┌─ 🖥 結果 9-10 ──────────────────────────────────┐
 1.648721
-0.693147
-0.301030
└────────────────────────────────────────────────┘
```

9.4 データ変換関数

9.4.1 atoi( ), atof( )

　atoi( )は文字列を整数に，atof( )は文字列を実数に変換する。atof( )の返り値が実数型であること以外どちらも使用方法は同じであるので，atof( )の表は省略する。

名称	atoi(string)			
機能	文字列を整数に変換する			
ヘッダ	stdlib.h			
引数	型	変数名	IN/OUT	定義
	char*	string	IN	整数に変換する文字列へのポインタ
返り値	int		OUT	変換した整数値

```
┌─ 📄 プログラム 9-11  atoi( )と atof( ) ─────────────────┐
#include<stdio.h>
#include<stdlib.h>
void main(void)
{
    printf("%4d  %7.2f\n", atoi("123"), atof("123"));
    printf("%4d  %7.2f\n", atoi("00123"), atof("00123"));
    printf("%4d  %7.2f\n", atoi("  123"), atof("  123"));
    printf("%4d  %7.2f\n", atoi("123  "), atof("123  "));
    printf("%4d  %7.2f\n", atoi("-123"), atof("-123"));
    printf("%4d  %7.2f\n", atoi("abc"), atof("abc"));
    printf("%4d  %7.2f\n", atoi("123abc"), atof("123abc"));
    printf("%4d  %7.2f\n", atoi("abc123"), atof("abc123"));
    printf("%4d  %7.2f\n", atoi("12.3"), atof("12.3"));
}
└──────────────────────────────────────────────────────┘
```

```
┌─ 🖥 結果 9-11 ─────────────────────────────────────┐
  123    123.00
  123    123.00
  123    123.00
  123    123.00
 -123   -123.00
    0      0.00
  123    123.00
    0      0.00
   12     12.30
└───────────────────────────────────────────────────┘
```

　プログラム 9-11 の 2～4 番目の printf( ) では，引数の文字列の前後にスペースや 0 が入っているが，これらは無視される。6 番目以降の printf( ) では，引数に abc という数字でない文字が，数字の後に入っている場合には無視されるが，前に入っている場合や数字以外の文字のみの場合には変換は行われず 0 を返す。また，小数を引数として入力した場合，atof( ) では小数値に変換されるが，atoi( ) では整数を表す部分のみが変換される。

9.5 メモリ操作関数

サイズ（要素数）が確定しない配列を定義することはできない。これをカバーするのがメモリ操作関数である。メモリ操作関数を使えば，配列に限らず，プログラムを作成する側でメモリを必要量確保しておき，それを適宜使用することができる。

例えば，配列の要素数が，1～1000 の間で変わるようなケースでは，最大の場合を考えて，要素数 1000 の配列を宣言しなければならなかった。最大の要素数分の領域を確保しておきながら，通常は少しの領域しか使用しないのでは無駄が多すぎる。このような場合には，malloc( )でメモリ領域を確保（アロケート）しておき，その領域を配列用に使用すればよい。ただし，使用しなくなった領域は，free( )で解放することを忘れないこと。

9.5.1 malloc( )

名称	malloc(size)			
機能	指定サイズ（バイト数）のメモリ領域を確保（アロケート）する			
ヘッダ	stdlib.h			
引数	型	変数名	IN/OUT	定義
	size_t	size	IN	確保する領域のバイト数
返り値	void*		OUT	確保した領域へのポインタ（エラー時は NULL）

9.5.2 free( )

名称	free(ptr)			
機能	引数のポインタが指すメモリ領域を解放（フリー）する			
ヘッダ	stdlib.h			
引数	型	変数名	IN/OUT	定義
	void*	ptr	IN	解放する領域へのポインタ
返り値				

プログラム 9-12　malloc( )と free( )

```c
#include<stdio.h>
#include<stdlib.h>
void main(void)
{
    char *ptr;
    ptr = (char *)malloc(256);          /* メモリ確保 */
    if(ptr == NULL){
        printf("Failed!\n");            /* エラー処理 */
    }else{                              /* 確保できた */
        printf("Success!\n");
        free(ptr);                      /* メモリ解放 */
    }
}
```

結果 9-12

```
Success!
```

プログラム 9-12 では，256 バイトのメモリ領域を確保し，確保に成功したかどうかのメッセージを出力し，成功していればその領域を解放してプログラムを終了している。

次のプログラム 9-13 では，malloc( )を使って確保した領域を利用する例を示す。

プログラム 9-13 確保したメモリの活用

```c
#include<stdio.h>
#include<stdlib.h>
void main(void)
{
    char *name;                             /* 名前を入れるポインタ */
    int number;                             /* 人数            */
    int i;                                  /* カウンタ         */
    printf("Input number of students.\n");
    scanf("%d", &number);                   /* 人数の取り込み */

    name = (char *)malloc(number*10);       /* メモリ確保     */
    if(name == NULL){                       /* エラー処理     */
        printf("Allocate error!\n");
    }
    else{
        printf("Input names of students.\n");
        for(i = 0 ; i < number ; ++i){      /* 人数分の名前を取り込む */
            scanf("%s", (name+i*10));
        }
        printf("Let's print names backward.\n");
        for(i = 0 ; i < number ; ++i){      /* 名前を逆順に出力 */
            printf("%s ", (name+(number-1-i)*10));
        }
        printf("\n");
        free(name);                         /* メモリ解放     */
    }
}
```

↓ 3
　adachi, kamiya, yamada を入力

結果 9-13

```
yamada  kamiya  adachi
```

9.6 入出力関数

3章で扱った標準入出力関数以外にも多数の入出力関数がある。その中でもよく使われる関数 sprintf( ) について示す。

9.6.1 sprintf( )

文字列をバッファに出力する大変便利な関数である。出力する文字列には，printf( ) と同様に書式を指定することができる。

名称	sprintf(buf, string, x1, x2, …)			
機能	文字列をバッファに出力する			
ヘッダ	stdlib.h			
引数	型	変数名	IN/OUT	定義
	char*	buf	IN	バッファを指すポインタ
返り値	int		OUT	出力した文字列の長さ（バイト数）

2番目以降の引数である string, x1, x2, … については表に入っていない。この部分は，printf( ) と全く同じである。次のプログラム中で確認して欲しい。

9 ライブラリ関数

プログラム 9-14 sprintf( )

```
#include<stdio.h>
#include<stdlib.h>
void main(void)
{
    char buf[128];                                          /* バッファ        */
    double x = 3.0, y = 1.2;
    sprintf(buf, "x*y = %4.1f   x/y = %4.1f", x*y, x/y);    /* バッファに出力 */
    printf("%s\n", buf);                                    /* バッファの内容を画面出力 */
}
```

結果 9-14

```
x*y =  3.6   x/y =  2.5
```

整数や実数などの数値を文字列として扱いたい場合にも，sprintf( )を使えば簡単に数値から文字列へ変換することができる．

(例) `char seireki[5];`
　　　`int year = 2001;`
　　　`sprintf(seireki, "%04d", year);`

9.7 その他の関数

これまでに取り上げたライブラリ関数以外にも，様々なライブラリ関数がある．ここでは，日付や時刻を得る関数と，ソーティング（並び替え）を行う関数について示す．

9.7.1 time( )

万国標準時(UCT)の 1970 年 1 月 1 日の 00:00:00 から，現在時刻までの経過時間を秒単位で表した数値を返す関数である．なお，引数や返り値の型 time_t は，時間を表すための型である．引数 today を NULL とし，返り値の時間を利用する方法と，引数 today を NULL 以外のポインタとし，その領域に格納された時間を利用する方法がある．

名称	time(today)			
機能	システム時間を得る			
ヘッダ	time.h			
引数	型	変数名	IN/OUT	定義
	time_t*	today	OUT	時間を格納する領域を指すポインタ
返り値	time_t		OUT	時間

9.7.2 localtime( )

time( )関数で得た時間を，現地時間に変換し，tm 構造体に格納する関数である．tm 構造体の内容は次の通りである．

```
struct  tm {
    int tm_sec;     /* 秒（0〜59）  */
    int tm_min;     /* 分（0〜59）  */
    int tm_hour;    /* 時間（0〜24）*/
    int tm_mday;    /* 日（0〜59）  */
```

```
    int tm_mon;   /* 月（0～11：1月を0とする）              */
    int tm_year;  /* 年（現在の年から1900を引いた年）       */
    int tm_wday;  /* 曜日（0～6：日曜日を0とする）          */
    int tm_yday;  /* 年初からの通算日数（0～365：1月1日を0とする） */
    int tm_isdst; /* 夏時間が有効かどうか（正：有効，0：無効，負：不明） */
};
```

名称	localtime(today)			
機能	時間を現地時刻に変換する			
ヘッダ	time.h			
引数	型	変数名	IN/OUT	定義
	time_t*	today	IN	時間が格納されている領域を指すポインタ
返り値	tm*		OUT	現地時刻の時間情報を表す構造体が格納された領域を指すポインタ

プログラム 9-15 time( )とlocaltime( )

```c
#include<stdio.h>
#include<time.h>
void main(void)
{
    time_t ltime;
    struct tm *today;
    time( &ltime );                                  /* 時間を得る        */
    printf( "UTC 1/1/1970 からの経過時間(秒)は %lu です。\n", ltime );

    today = localtime( &ltime );                     /* 現地時刻に変換する */
    printf("今日は %d 年 %d 月 %d 日です。\n",
            today->tm_year+1900, today->tm_mon+1, today->tm_mday);
    printf("時刻は %d 時 %d 分 %d 秒です。\n",
            today->tm_hour, today->tm_min, today->tm_sec);
}
```

結果 9-15

```
UTC 1/1/1970 からの経過時間(秒)は 929023115 です。
今日は 1999 年 6 月 10 日です。
時刻は 22 時 58 分 35 秒です。
```

9.7.3 qsort( )

クイックソート・アルゴリズムを使って配列のソーティング（並び替え）を行う関数である。比較関数を自分で作成し，その関数をqsort( )の引数として渡すなど，やや高度な記述が必要であるが，使いこなすことができれば大変便利な関数である。

名称	qsort(hairetsu, num, width, compare)			
機能	クイックソートを行う			
ヘッダ	stdlib.h			
引数	型	変数名	IN/OUT	定義
	void*	hairetsu	IN/OUT	並び替えを行う配列を指すポインタ
	size_t	num	IN	配列の要素数
	size_t	width	IN	配列の各要素サイズ（バイト）
	int	compare	IN	比較関数
返り値				

qsort( )に引数として渡す比較関数の書式は次の通りである。

  int compare(const void *elm1, const void *elm2)

引数の型が const void*となっている。const は，引数としてポインタを渡す場合，そのポインタの指す内容を，渡した関数内で変更しない場合に使用するもので，引数のポインタの前にconst を付ける。qsort( )の引数として渡す比較関数は，引数として渡した配列要素を変更してはならない。そのため，引数には必ずconst を付ける。

比較関数はプログラム作成者が独自に作成するものなので，関数名と関数の中味（処理部分）は独自に作成する。elm1 と elm2 は，配列の2要素を指すポインタである。返り値が次の条件を満たすように，関数の本体を作成する。

  負：elm1 の指す要素＜elm2 の指す要素
  0：elm1 の指す要素＝elm2 の指す要素
  正：elm1 の指す要素＞elm2 の指す要素

プログラム 9-16　qsort( )

```c
#include<stdio.h>
#include<stdlib.h>
#include<string.h>
char hairetsu[5][10] = {"yamada", "tanaka", "kawaguchi", "ando", "takada"};
int cmpfunc1(const void *str1, const void *str2)     /* 比較関数本体（昇順ソート用） */
{
    return(strcmp(str1, str2));
}
int cmpfunc2(const void *str1, const void *str2)     /* 比較関数本体（降順ソート用） */
{
    return(-strcmp(str1, str2));
}
void main(void)
{
    int i;
    qsort(hairetsu, 5, 10, cmpfunc1);              /* 昇順ソート */
    for(i = 0 ; i < 5 ; ++i){
        printf("%s ", hairetsu[i]);
    }
    printf("\n");                                   /* 改行 */

    qsort(hairetsu, 5, 10, cmpfunc2);              /* 降順ソート */
    for(i = 0 ; i < 5 ; ++i){
        printf("%s ", hairetsu[i]);
    }
    printf("\n");
}
```

結果 9-16

```
ando kawaguchi takada tanaka yamada
yamada tanaka takada kawaguchi ando
```

プログラム 9-16 では，比較関数を2つ作成して昇順および降順の並び替えを行っている。このプログラムでは，文字列の大小比較のみから並び替えを行っているため，比較関数は strcmp( )をコールするだけの単純なものになっている。比較関数は，必要に応じて

もっと複雑な比較条件を記述することができる。

演習問題

(1) [**文字列操作関数**] 5人の姓と名で初期化された2つの配列 sei[5][10], mei[5][10] を宣言し，文字列操作関数を使って，姓名がスペースで区切られた文字列の入った配列を作り，その全要素を画面に出力せよ。

  sei[5][10] = {"yamashita", "takita", "komori", "terada", "suzuki"};
  mei[5][10] = {"hanako", "kiyomi", "junko", "eriko", "yukari"};

          （例答）yamashita△hanako （△はスペース）

ヒント：配列のサイズに注意すること。配列 seimei[5][20] を宣言し，
  strcpy(seimei, sei); strcat(seimei, " "); strcat(seimei, mei);

(2) [**数学関数**] 下のような図で，xとyの値を入力し，zの値と $\sin\theta$ の値を求めるプログラムを作成せよ。

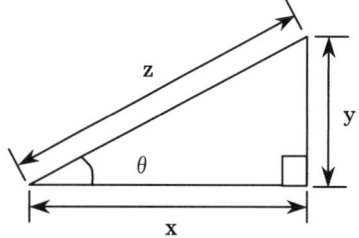

（例答）x = 3.0, y = 4.0 の場合，z = 5.0, $\sin\theta$ = 0.8

ヒント：$z^2 = x^2 + y^2$, $\sin\theta = \dfrac{y}{z}$

(3) [**データ変換関数**] 2つの実数を文字列として取り込み，数値に変換後，それらの和・差・積・商を求めるプログラムを作成せよ。

(4) [**メモリ操作関数**] 10バイトのメモリ領域を確保し，その領域に文字列"Allocate"を代入せよ。ただし，確保した領域は，プログラム終了前に解放すること。

(5) [**入出力関数**] (1)で作成したプログラムを，sprintf( )を使って書き直せ。

10

ファイル操作

より高度なプログラムを作成するにつれ，データをファイルに書き込んだり，ファイルからデータを読み出したりする必要が出てくる。C言語には，ファイル操作を行うためのライブラリ関数が多数用意されている。OSレベルでファイルにアクセスする関数もあるが，ここでは基本的なデータ処理に限って示す。

10.1 ファイル操作の流れ

ファイル操作は，ストリームと呼ばれるデータの流れとして扱われる。ファイルは，その構成がどのようなものでも，サイズが1バイト（1文字）のデータの集まりだと考えることができる。例えば，下の図のように，複数行の文字列が入っているファイルは，改行文字が間に入っている一連の文字データの流れ（ストリーム）である。

ファイル操作関数は，このストリームに対して処理を行う関数である。ファイル・ストリームのオープンやクローズ，1バイト（1文字）の書き込み，読み出し，文字列の書き込み，読み出しなどの関数がある。

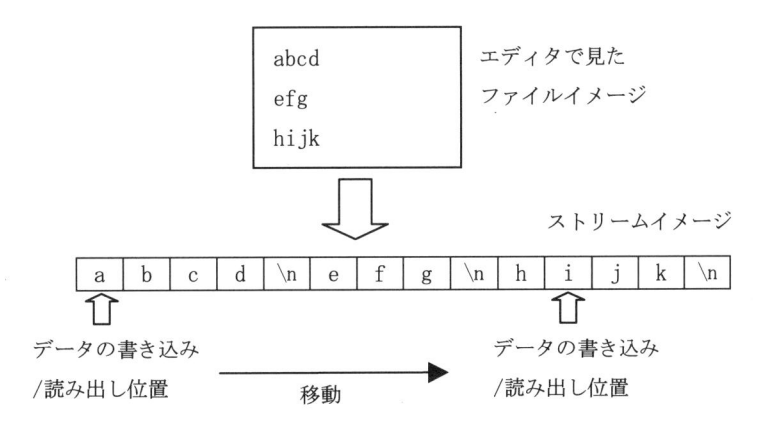

```
            abcd            エディタで見た
            efg             ファイルイメージ
            hijk
              ↓
                            ストリームイメージ
| a | b | c | d |\n| e | f | g |\n| h | i | j | k |\n|
  ↑                                    ↑
データの書き込み                    データの書き込み
/読み出し位置      ―― 移動 ――→   /読み出し位置
```

ファイルにデータを書き込んだり，ファイルから読み出す場合，事前にその対象ファイルをオープンする必要がある。また，処理が終了した後には，必ずそのファイルをクローズする必要がある。ファイルをオープンする関数は，ファイル・ストリームの情報が格納された構造体を指すポインタを返す。その構造体には，データの書き込みや読み出しを行う位置の情報があり，初期値はストリームの先頭となっている。この位置を移動する関数を使って，任意の位置からデータを読み出したり，書き込んだりすることもできる。

10.2 オープンとクローズ

ファイルをオープンする関数は fopen( )，クローズする関数は fclose( )である。

10.2.1 fopen( )

ファイルをオープンする場合，そのファイルを読み出し専用としてオープンするのか，書き込みも許可するのかというモードも同時に指定する。

名称	fopen(filename, mode)			
機能	指定ファイルをオープンする			
ヘッダ	stdio.h			
引数	型	変数名	IN/OUT	定義
	char*	filename	IN	オープンするファイル名
	char*	mode	IN	モード（注）
返り値	FILE*		OUT	ファイル・ストリームの先頭情報を指すポインタ

（注）主なモードは以下の如くである。ダブルクォーテーション""が使われていることからわかるように，モードは文字列として入力する。その他にも多くのモードがあるので，必要時には，コンパイラのヘルプ等で確認して欲しい。

- "r" … ファイルを読み出し専用としてオープン。
- "w" … ファイルをオープンしデータを書き込む。ファイルが存在しない場合は新規に作成され，ファイルが存在する場合は，現在の内容は破棄される。
- "a" … ファイルをオープンしデータを後に追加する。ファイルが存在しない場合は新規に作成され，ファイルが存在する場合は，現在の内容は保持される。

返り値のデータ型は FILE へのポインタとなっている。FILE とは，ファイル・ストリームの情報を格納するための構造体で，stdio.h 中で定義されている。ファイルのオープンに失敗した場合には，NULL が返される。

10.2.2 fclose( )

fclose( )は，fopen( )が返したストリーム・ポインタを使いファイルをクローズする。

名称	fclose(st_ptr)			
機能	指定ファイルをクローズする			
ヘッダ	stdio.h			
引数	型	変数名	IN/OUT	定義
	FILE*	st_ptr	IN	クローズするファイル・ストリームを指すポインタ
返り値	int		OUT	0：正常終了 EOF：クローズ失敗

ファイルのクローズに失敗した場合，返り値として EOF が返される。EOF とはファイルの末尾（End of File）を表す値である。

次のプログラム 10-1 では，読み出し用ファイル infile と，書き込み用ファイル outfile をオープンした後にクローズしている。通常のプログラムでは，これらのオープン処理とクローズ処理との間に，様々な処理を記述する。

10 ファイル操作

📄 プログラム 10-1　fopen( )と fclose( )

```c
#include<stdio.h>
void main(void)
{
    FILE *str_ptr1, *str_ptr2;

    str_ptr1 = fopen("infile", "r");        /* 読み出しファイルオープン */
    if(str_ptr1 == NULL)                    /* オープン失敗 */
        printf("Open Error(Read)\n");
    else                                    /* オープン成功 */
        printf("Open Success(Read)\n");

    str_ptr2 = fopen("outfile", "w");       /* 書き込みファイルオープン */
    if(str_ptr2 == NULL)                    /* オープン失敗 */
        printf("Open Error(Write)\n");
    else                                    /* オープン成功 */
        printf("Open Success(Write)\n");

    if(str_ptr1)                            /* str_ptr1 が NULL でない */
        fclose(str_ptr1);                   /* ファイルクローズ */
    if(str_ptr2)                            /* str_ptr1 が NULL でない */
        fclose(str_ptr2);                   /* ファイルクローズ */
}
```

🖥 結果 10-1

```
Open Error(Read)
Open Success(Write)
```

　ファイルのオープンに成功あるいは失敗をチェックする必要がある。オープンに失敗すると，返り値のストリーム・ポインタは NULL となるが，続くファイル操作関数にそのまま NULL を渡してしまうとプログラムが暴走する。

　プログラム 10-1 では，存在しないファイルを読み出し用にオープンしようとして失敗し，次に行った書き込み用のオープンには成功している。プログラム 10-2 以降のサンプルプログラムでは，紙面の節約のため，オープン時のエラーチェックを省略しているが，実際のプログラミング時には，必ずエラーチェックを行って欲しい。

10.3 ファイルへのデータの書き込みと読み出し

　ファイルへデータを書き込む関数は，ファイル出力関数とも呼ばれる。一方，ファイルからデータを読み出す関数は，ファイル入力関数とも呼ばれる。それらの代表的なものは次の通りである。

```
putc( )/getc( )      …  1文字の書き込み/読み出し
fputs( )/fgets( )    …  文字列の書き込み/読み出し
fwrite( )/fread( )   …  2進数データの書き込み/読み出し
```

10.3.1　putc( )と getc( )による1文字の書き込みと読み出し

　ファイルに1文字を書き込む場合は putc( )を使い，読み出す場合は getc( )を使う。

名称	putc(moji, st_ptr)			
機能	ファイルに1文字を書き込む			
ヘッダ	stdio.h			
	型	変数名	IN/OUT	定義
引数	char	moji	IN	書き込む文字
	FILE*	st_ptr	IN	書き込み先のファイル・ストリームを指すポインタ
返り値	int		OUT	EOF：書き込み失敗

名称	getc(st_ptr)			
機能	ファイルから1文字を読み出す			
ヘッダ	stdio.h			
	型	変数名	IN/OUT	定義
引数	FILE*	st_ptr	IN	読み出し元のファイルス・トリームを指すポインタ
返り値	int		OUT	読み出した文字 EOF：データの終わりまたは読み出し失敗

getc()は，繰り返し呼び出せば，ストリーム中の文字を次々返す。次のプログラム10-2で，これらの関数の使用方法を確認して欲しい。

プログラム 10-2 putc( )とgetc( )

```c
#include<stdio.h>
void main(void)
{
    FILE *str_ptr;
    char string[32];
    int  moji, i;
    str_ptr = fopen("outfile", "w");           /* 書き込みファイルオープン   */
    /* オープン時エラーチェックをここに記述 */
    printf("Input string. ( < 32 characters)\n");
    scanf("%s", string);                        /* 文字列入力          */
    for(i = 0 ; i < 32 ; ++i){
        if(string[i] == '\0')
            break;
        putc(string[i], str_ptr);              /* ファイルへ1文字書き込む  */
    }
    fclose(str_ptr);                            /* ファイルクローズ      */
    str_ptr = fopen("outfile", "r");           /* 読み出しファイルオープン   */
    /* オープン時エラーチェックをここに記述 */
    while(1){
        moji = getc(str_ptr);                   /* ファイルから1文字読み出す */
        if(moji == EOF)
            break;
        putchar(moji);                          /* 画面に1文字表示 */
    }
    fclose(str_ptr);                            /* ファイルクローズ */
}
```

↓ aabbccdd を入力

結果 10-2

aabbccdd

上のプログラムの前半部分では，ファイルoutfileを書き込み用にオープンし，入力した文字列を1文字ずつファイルに書き込んでいる。後半部分では，同じファイルを読み出し用としてオープンし，1文字ずつデータを読み出し，putchar()で画面に表示している。

10.3.2 fputs( )とfgets( )による文字列の書き込みと読み出し

ファイルに文字列を書き込む場合はfputs( )を，読み出す場合はfgets( )を使う。

名称	fputs(string, st_ptr)			
機能	ファイルに文字列を書き込む			
ヘッダ	stdio.h			
引数	型	変数名	IN/OUT	定義
	char*	string	IN	書き込む文字列を指すポインタ
	FILE*	st_ptr	IN	書き込み先のファイル・ストリームを指すポインタ
返り値	int		OUT	EOF：書き込み失敗

名称	fgets(string, size, st_ptr)			
機能	ファイルから文字列を読み出す			
ヘッダ	stdio.h			
引数	型	変数名	IN/OUT	定義
	char*	string	OUT	読み出した文字列を格納するバッファを指すポインタ
	int	size	IN	読み出す文字列のサイズ（文字数）
	FILE*	st_ptr	IN	読み出し元のファイル・ストリームを指すポインタ
返り値	char*		OUT	NULL：データの終わりまたは読み出し失敗

　fputs( )で文字列がファイルに書き込まれる際，文字列末尾のヌル文字 '\0' は書き込まれない。fgets( )で文字列がバッファに読み出される際には，文字列末尾にヌル文字 '\0' が置かれる。fgets( )で読み出す文字列は，引数として指定された文字列サイズより1個少ない文字数となる。

　fgets( )もgetc( )と同様に，繰り返し呼び出せば，ストリーム中の文字列を次々返す。次のプログラム 10-3 で，これらの関数の使用方法を確認して欲しい。

📄 プログラム 10-3　fputs( )とfgets( )

```c
#include<stdio.h>
void main(void)
{
    FILE *str_ptr;
    char string[32];
    int  i;
    str_ptr = fopen("outfile", "w");           /* 書き込みファイルオープン   */
    /* オープン時エラーチェックをここに記述 */
    printf("Input 5 strings.( < 32 characters )\n");
    for(i = 0 ; i < 5 ; ++i){
        scanf("%s", string);                    /* 文字列入力             */
        fputs(string, str_ptr);}                /* ファイルへ文字列を書き込む */
    fclose(str_ptr);                            /* ファイルクローズ        */

    str_ptr = fopen("outfile", "r");           /* 読み出しファイルオープン   */
    /* オープン時エラーチェックをここに記述 */
    while(1){                    /* ファイルから3文字の文字列を読み出す */
        if(fgets(string, 4, str_ptr) == NULL)
            break;
        printf("%s ", string);}                 /* 画面に文字列を表示      */
    fclose(str_ptr);                            /* ファイルクローズ        */
}
```

↓ Abcdefg hijk lmnop qrstuv wxyz を入力

🖥 結果 10-3

abc def ghi jkl mno pqr stu vwx yz

　プログラム 10-3 の前半部分では，ファイル outfile を書き込み用にオープンし，入力した文字列を 5 つファイルに書き込んでいる。fputs( ) はヌル文字を書き込まないため，ファイルに書き込まれた 5 つの文字列は，結果的にひとまとまりの文字列となっている。後半部分では，同じファイルを読み出し用としてオープンし，3 文字ずつデータを読み出し，printf( ) で画面に表示している。fgets( ) では，引数として渡された文字列サイズより 1 個少ない文字が読み出されるので，3 文字ずつ読み出したい場合には引数を 4 とする。

10.3.3　fwrite( ) と fread( ) による 2 進数データの書き込みと読み出し

　これまでに示した書き込み関数と読み出し関数では，ファイルの構成単位は文字であった。しかし，実際のプログラミングで扱うデータは，文字だけでなく，様々なものが考えられる。全てのデータは 2 進数データとして扱うことができるので，書き込みや読み出しを行うデータのサイズ（バイト数）とその個数を指定することで，任意のデータを，指定した単位ごとに扱うことが可能となる。2 進数データ用の書き込みや読み出しのための関数が fwrite( ) と fread( ) である。

名称	fwrite(data, size, count, st_ptr)			
機能	ファイルにデータを書き込む			
ヘッダ	stdio.h			
引数	型	変数名	IN/OUT	定義
	char*	data	IN	書き込むデータを指すポインタ
	int	size	IN	書き込むデータのサイズ（バイト）
	int	count	IN	書き込むデータの個数
	FILE*	st_ptr	IN	書き込み先のファイル・ストリームを指すポインタ
返り値	int		OUT	正常に書き込まれたデータの個数

名称	fread(data, size, count, st_ptr)			
機能	ファイルからデータを読み出す			
ヘッダ	stdio.h			
引数	型	変数名	IN/OUT	定義
	char*	data	IN	読み出したデータを格納するバッファを指すポインタ
	int	size	IN	読み出すデータのサイズ（バイト）
	int	count	IN	読み出すデータの個数
	FILE*	st_ptr	IN	読み出し元のファイル・ストリームを指すポインタ
返り値	int		OUT	正常に読み出されたデータの個数

　書き込むデータを指すポインタや，読み出したデータを格納するバッファを指すポインタのデータ型は char* となっているが，これは対象となるデータが文字列であることを表しているのではない。char 型はシステムが扱う最小単位（1 バイト）だからである。各関数を呼び出す時に，この引数に渡す値をキャストで char* に変換しておくと，どのような

10 ファイル操作

型のデータも扱うことができる。

次のプログラム 10-4 は，構造体を 1 単位としてファイルへ書き込みを行うものである。

プログラム 10-4 fwrite( )

```c
#include<stdio.h>
typedef struct STUDENT{
    int id;
    double height;
    double weight;
} ST_DATA;

void main(void)
{
    FILE *str_ptr;
    ST_DATA student[3] = {{12, 150, 55}, {13, 165, 49}, {14, 180, 83}};
    str_ptr = fopen("outfile", "w");           /* 書き込みファイルオープン */
    /* オープン時エラーチェックをここに記述 */
    /* ファイルへデータを書き込む */
    fwrite((char*)&student, sizeof(ST_DATA), 3, str_ptr);
    fclose(str_ptr);                            /* ファイルクローズ */
}
```

データの書き込みを行ったファイルをエディタで開いても，書き込んだデータは表示されない。文字列としてではなく，2 進数データとして書き込まれているためである。

次のプログラム 10-5 は，10-4 でデータを書き込んだファイルから，1 単位ずつデータを読み出して画面表示を行うものである。

プログラム 10-5 fread( )

```c
#include<stdio.h>
typedef struct STUDENT{
    int id;
    double height;
    double weight;
} ST_DATA;

void main(void)
{
    FILE *str_ptr;
    ST_DATA buff;
    int  i;
    str_ptr = fopen("outfile", "r");           /* 読み出しファイルオープン */
    /* オープン時エラーチェックをここに記述 */
    /* ファイルからデータを読み出す */
    for(i = 0 ; i < 3 ; ++i){
        fread((char*)&buff, sizeof(ST_DATA), 1, str_ptr);
        printf("ID = %d HEIGHT = %5.1f WEIGHT = %4.1f\n",
                                  buff.id, buff.height, buff.weight);}
    fclose(str_ptr);                            /* ファイルクローズ */
}
```

結果 10-5

```
ID = 12 HEIGHT = 150.0 WEIGHT = 55.0
ID = 13 HEIGHT = 165.0 WEIGHT = 49.0
ID = 14 HEIGHT = 180.0 WEIGHT = 83.0
```

10.4 ファイル位置操作関数

これまでのサンプルプログラムでは，ファイルの先頭からデータを順次読み出したり書き込んだりするものであった。ファイル・ポインタが指している構造体には，データの読み書きを行う位置の情報が格納されており，初期値はファイルの先頭となっている。この位置の情報を変更し，任意の位置のデータを読み出したり書き込んだりすることができる。

10.4.1 fseek( )によるファイルポインタの移動

fseek( )は，指定した位置から，指定バイト分後ろの位置に読み出しまたは書き込み位置を移動させる関数である。

名称	fseek(st_ptr, offset, posi)			
機能	ファイルポインタを指定分移動する			
ヘッダ	stdio.h			
引数	型	変数名	IN/OUT	定義
	FILE*	st_ptr	IN	ファイル・ストリームを指すポインタ
	long	offset	IN	移動するサイズ（バイト）
	int	posi	IN	ファイル中の位置（注）
返り値	int		OUT	0 ：正常終了 その他：エラー発生

（注）ファイル中の位置には，次のものがある。
  SEEK_SET　…　ファイルの先頭
  SEEK_CUR　…　ファイルの現在位置
  SEEK_END　…　ファイルの最後

次のプログラム 10-6 では，fseek( )を使って，任意の位置のデータを読み出し，画面に表示している。

```
プログラム 10-6 fseek( )
#include<stdio.h>
typedef struct STUDENT{
    int id;
    double height;
    double weight;
} ST_DATA;

void main(void)
{
    FILE *str_ptr;
    ST_DATA buff;
    int  i;
    str_ptr = fopen("outfile", "r");          /* 読み出しファイルオープン */
    /* オープン時エラーチェックをここに記述 */
    while(1){
        printf("1, 2, 3?\n");                 /* 読み出すデータを指定 */
        scanf("%d", &i);
        if( i < 1 || i > 3 ) break;
        fseek(str_ptr, (i-1)*sizeof(ST_DATA), SEEK_SET);   /* 読み出し位置の移動 */
        /* ファイルからデータを読み出す */
        fread((char*)&buff, sizeof(ST_DATA), 1, str_ptr);
        printf("ID = %d HEIGHT = %5.1f WEIGHT = %4.1f\n",
                            buff.id, buff.height, buff.weight);}
    fclose(str_ptr);                          /* ファイルクローズ */
}
```

↓ 2を入力

結果 10-6
```
ID = 13 HEIGHT = 165.0 WEIGHT = 49.0
```

　無限ループ中の scanf( ) で読み出すデータの番号を入力し，その番号から読み出し位置を算出している（(i-1)*sizeof(ST_DATA)）。fseek( ) で移動した位置から，指定バイト分のデータを fread( ) で読み出す。ここでは，構造体のサイズ分のデータを読み出している。

10.5 その他のファイル操作関数

　多数のファイル操作関数の中から，使用頻度が高いと思われるファイル削除とファイル名変更の関数について示す。

10.5.1 remove( ) によるファイルの削除

　ファイル削除の関数 remove( ) の入出力は次表のようになる。

名称	remove(filename)			
機能	ファイルを削除する			
ヘッダ	stdio.h			
引数	型	変数名	IN/OUT	定義
	char*	filename	IN	削除するファイル名
返り値	int		OUT	0　　：正常終了 その他：エラー発生

10.5.2 rename( ) によるファイル名変更

　ファイル名変更の関数 rename( ) の入出力は次表のようになる。

名称	rename(oldname, newname)			
機能	ファイル名を変更する			
ヘッダ	stdio.h			
引数	型	変数名	IN/OUT	定義
	char*	oldname	IN	元のファイル名
	char*	newname	IN	変更するファイル名
返り値	int		OUT	0　　：正常終了 その他：エラー発生

　次のプログラム 10-7 では，これまでのサンプルとして作成したファイル"outfile"の名称を変更した後に削除している。

プログラム 10-7　remove( ) と rename( )
```c
#include<stdio.h>
void main(void)
{
    int status;
    status = rename("outfile", "delfile");      /* ファイル名変更 */
    if(status != 0)
        printf("rename error\n");
    status = remove("delfile");                 /* ファイル削除   */
    if(status != 0)
        printf("remove error\n");
}
```

演習問題

(1) **[文字列データの書き込みと読み出し]** 新規に作成したファイルに，キーボードから取り込んだ文字列"Japan"，"America"，"Canada"，"China"，"Africa"を順次書き込むプログラムを作成せよ。また，テキストエディタでそのファイルを開き，正しくデータが書き込まれていることを確認せよ。更に，そのファイルからデータを文字列単位で読み出して，画面に出力する処理を付け加えよ。

ヒント：プログラム 10-3 を参照。

(2) **[構造体の書き込み]** 10名の学生の視力が以下の表の通りであったとする。このデータを構造体に格納し，構造体単位で新規ファイルに書き込むプログラムを作成せよ。

学生番号	1	2	3	4	5	6	7	8	9	10
右目視力	1.5	2.0	0.7	1.0	0.2	1.5	0.8	0.1	2.0	1.5
左目視力	1.5	1.0	0.5	0.7	0.5	1.0	0.7	0.2	1.5	2.0

ヒント：プログラム 10-4 を参照。

(3) **[構造体の読み出し]** (2)で作成したファイルから，データを構造体単位で読み出し，右目，左目の各視力の平均値を求めるプログラムを作成せよ。

(答) 右目視力平均 1.13 左目視力平均 0.96

ヒント：プログラム 10-5 を参照。

(4) **[書き込み・読み出し位置の移動]** (2)で作成したファイルから，キーボード入力された学生番号の視力データを画面に表示するプログラムを作成せよ。

ヒント：プログラム 10-6 を参照。

第II編　数値計算法

1　方程式の求根
2　連立1次方程式と逆行列
3　最小2乗近似
4　補間法
5　数値積分法
6　常微分方程式
7　誤　差

1

方程式の求根

　3次または4次の方程式までは Cardano 法や Ferrari 法などの直接的解法がある。しかし，5次以上の方程式や非線形方程式では一般に直接的解法がないので，数値解法を用いなければならない。方程式 $f(x)=0$ の根を求める数値解法の代表的なものとして，

① Newton 法（または Newton-Raphson 法）
② Regula falsi 法（または False position 法）
③ 二分法（Bisection 法または Bolzano process）
④ Regula falsi 法と二分法の応用
⑤ Bairstow 法

などがある。本章では，これらの5つの方法と，非線形連立方程式

$$\begin{cases} f_1(x,y)=0, \\ f_2(x,y)=0 \end{cases}$$

の実根を求める2変数二分法について述べる。

1.1　Newton 法

　この方法は関数 $f(x)$ が単調連続で変曲点がなく，かつ $f(x)$ の導関数が求められるときに利用できる収束の速い方法（2位の速さ）である。

　根の適当な初期値 x_0 からはじめて，反復公式

$$x_{n+1} = x_n - \frac{f(x_n)}{f'(x_n)} \quad (n=0, 1, \cdots) \tag{1}$$

を繰り返す。この方法の幾何学的意味は図1.1に示すとおりで，曲線上の点 $(x_n, f(x_n))$ における接線と x 軸との交点の座標を，$(x_{n+1}, 0)$ とすると，

$$f'(x_n) = -\frac{f(x_n)}{x_{n+1}-x_n} \tag{2}$$

すなわち，式(1)となる。

　収束判定の条件としては，与えられた ε（メモ1参照）に対して，次の数種類のものがある。

① 2つの近似根間の差；$|x_{n+1}-x_n|<\varepsilon$
② 2つの近似根間の相対差；$|(x_{n+1}-x_n)/x_n|<\varepsilon$
③ 2つの近似根関数値間の差；$|f(x_{n+1})-f(x_n)|<\varepsilon$

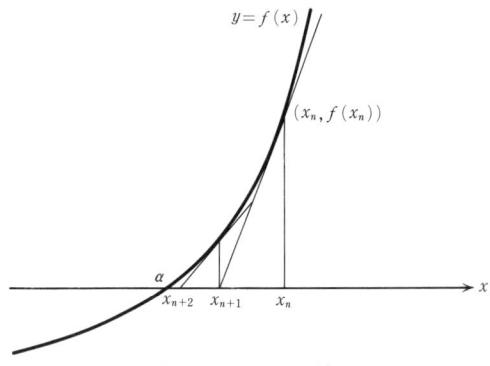

図 1.1 Newton 法

$f'(x_n)$ の値が大きいと $|x_{n+1}-\alpha|>\varepsilon$ にもかかわらず①，②の条件が満足されてしまうことがある．しかし，③を収束判定の条件として用いると誤った解を出す危険性が少ない．

例題 1.1 $f(x)=e^x-3x=0$ の根を Newton 法で求めよ．ただし，$x_0=0$ とし，収束判定条件として2つの近似根間の相対差をとり，$\varepsilon=10^{-5}$ とせよ．また，根の収束の様子をみるために，式(1)による反復ごとに

$$x_n, \quad f(x_n), \quad f'(x_n), \quad \Delta x_n=-f(x_n)/f'(x_n)$$

の値の変化を調べよ．

〈 例題 1.1 のプログラム例 〉────────── Newton method ──────────────────
```c
#include <stdio.h>
#include <stdlib.h>
#include <math.h>
#define F(x) exp(x)-3.*x                    /* 関数 f(x)の定義   */
#define FD(x) exp(x)-3.                     /* 関数 f'(x)の定義  */
#define EPS 1.E-5                           /* 収束条件 ε の定義 */

void main(void)
{
    double x=0.0,fx,fdx,dx;                 /* 初期値 x₀の設定   */
    int n=0;                                /* 反復回数 n の初期設定 */
    printf("  n       x       fx      fdx      dx\n");
    do{
        fx=F(x);                            /* fx=f(xₙ)          */
        fdx=FD(x);                          /* fdx=f'(xₙ)        */
        dx=-fx/fdx;                         /* dx=Δxₙ の計算    */
        printf("%3d%8.3f%8.3f%8.3f%8.3f\n",n,x,fx,fdx,dx);
        n++;
        x+=dx;                              /* xₙ₊₁=xₙ+Δxₙ      */
    }while(fabs(dx/x)>EPS);                 /* 収束の判定        */
    printf("\n    x=%7.3f\n",x);
}
```
〈 計算結果 〉─────────────────────────────────────
```
  n    x      fx     fdx     dx
  0  0.000  1.000  -2.000  0.500
  1  0.500  0.149  -1.351  0.110
  2  0.610  0.010  -1.159  0.009
  3  0.619  0.000  -1.143  0.000
  4  0.619  0.000  -1.143  0.000

    x=  0.619
```

1 方程式の求根

1.2 Regula falsi 法

図 1.2 に示すように，関数 $y=f(x)$ が区間 $[a, b]$ で連続で，根が1つ存在するとき，$f(a)$, $f(b)$ は異符号になる。すなわち，$f(a)f(b)<0$ となる。したがって，2点 $(a, f(a))$, $(b, f(b))$ を直線で結び，この直線と x 軸との交点の値を c とすると，次式のように表せる。

$$c = \frac{af(b) - bf(a)}{f(b) - f(a)} \qquad (3)$$

次に，$f(c)$ の値を求め，

$$f(a)f(c)<0 \quad \text{ならば} \quad b \leftarrow c \quad f(b) \leftarrow f(c)$$

あるいは，

$$f(b)f(c)<0 \quad \text{ならば} \quad a \leftarrow c \quad f(a) \leftarrow f(c)$$

の変換を行い区間を縮小する。この操作を繰り返して c を順次求め，根 α を得る。

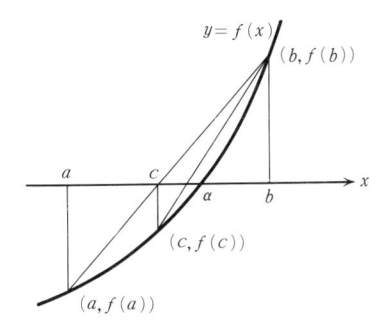

図 1.2 Regula falsi 法

収束判定の条件としては，次のものがある。

① $(c-a)(b-c)<\varepsilon$
② $|f(c)|<\varepsilon$

この方法は，区間 $[a, b]$ で関数 $f(x)$ が直線に近いものであれば収束が速い。しかし，図 1.3 のような場合には計算回数を多く必要とするので，次節の二分法を用いた方がよい。

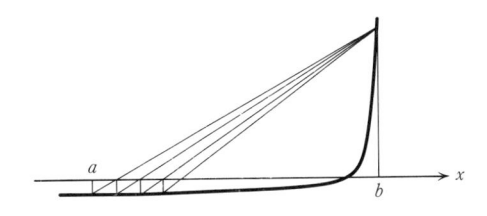

図 1.3 Regula falsi 法の悪い例

Regula falsi 法のプログラミングは次節の二分法とほぼ同じである。

1.3 二分法

前節の Regula falsi 法では，2 点 $(a, f(a))$，$(b, f(b))$ を直線で結んで x 軸上の点 $(c, 0)$ を求めたが，二分法では式(3)の代わりに，次式を用いる。

$$c = \frac{a+b}{2} \qquad (4)$$

そして，

$$f(a)f(c) < 0 \quad \text{ならば} \quad b \leftarrow c \quad f(b) \leftarrow f(c)$$

あるいは，

$$f(b)f(c) < 0 \quad \text{ならば} \quad a \leftarrow c \quad f(a) \leftarrow f(c)$$

の変換を行い，順次区間を縮小して根 α を求める。

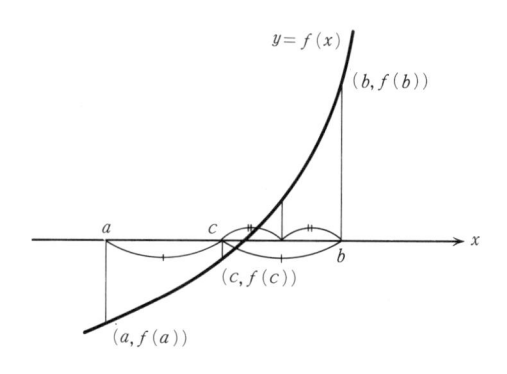

図 1.4　二分法

収束判定の条件としては，

① $|b-a| < \varepsilon$
② $|f(c)| < \varepsilon$

がある。この方法の特徴は，例えば判定条件①の場合，収束解を得るのに必要な反復計算回数 n の値を，初期値 a，b を用いて，次式からあらかじめ計算できる点である。

$$\frac{|b-a|}{2^n} < \varepsilon \qquad (5)$$

つまり，$\varepsilon = 10^{-m}$ とすれば，$n > \{m + \log(|b-a|)\}/\log 2$ となる。

したがって，n 回の反復計算を実行しても収束解が得られなければ，プログラムに誤りがあると判定でき，コンピュータのむだ使いを避けることができる。

メモ(1)

計算機イプシロン(machine epsilon：ε_m)

計算機の中で $1+\varepsilon > 1$ が成立する最小の正数 ε を計算機イプシロンといい，ε_m で表す。一般によく使われるバイトマシンの場合，この値は単精度で $16^{-5} = 0.954 \times 10^{-6}$，倍精度では $16^{-13} = 0.222 \times 10^{-15}$ である。

この値は，反復計算における収束判定，数値微分のステップ幅，行列の特異性の判定などの基準を決める場合などの目安としてしばしば使われる。

1 方程式の求根

例題 1.2 例題1.1において，区間 $[0, 1]$ の根を二分法で求めよ．ただし，収束判定条件には①を用い，$\varepsilon = 10^{-5}$ とする．また，根の収束の様子をみるために，反復ごとに c, $f(c)$ の値の変化を調べよ．

〈 例題 1.2 のプログラム例 〉―――――――― Bisection method ――――――――――――

```c
#include <stdio.h>
#include <math.h>
#define F(x) exp(x)-3.*x                         /* 関数 f(x)の定義      */
#define EPS 1.E-5                                /* 収束条件 ε の定義 */

void main(void)
{
    double a=0.,b=1.;                            /* 初期値 a,b の設定   */
    double c,fa,fc;
    int i,n;
    n=log((b-a)/EPS)/log(2.)+0.5;                /* 所要反復回数 n を,式(5)から求め,四捨五入*/
    fa=F(a);                                     /* fa=f(a)の計算         */
    printf("   n         c         f(c) \n");
    for(i=1;i<=n;i++){
        c=(a+b)/2.;                              /* 中点 c と f(c)の計算*/
        fc=F(c);
        printf("%3d %10.5f %10.5f\n",i,c,fc);
        if(fa*fc<0.)                             /* f(a)f(c)<0 の判定    */
            b=c;                                 /* 中点 c の値を a または b とする */
        else
            a=c;
    }
    printf("\n   x=%7.5f\n",c);
}
```

〈 計算結果 〉――――――――――――――――――――――――――――――――

```
  n         c         f(c)
  1    0.50000    0.14872
  2    0.75000   -0.13300
  3    0.62500   -0.00675
  4    0.56250    0.06755
  5    0.59375    0.02952
  6    0.60938    0.01116
  7    0.61719    0.00214
  8    0.62109   -0.00232
  9    0.61914   -0.00009
 10    0.61816    0.00103
 11    0.61865    0.00047
 12    0.61890    0.00019
 13    0.61902    0.00005
 14    0.61908   -0.00002
 15    0.61905    0.00001
 16    0.61906   -0.00000
 17    0.61906    0.00001

   x=0.61906
```

1.4 Regula falsi 法と二分法の応用

　Regula falsi 法や二分法は，根の存在範囲をあらかじめ指定しなければならない。一方，Newton 法は，適当な初期値の1点のみを与えれば根を求めることができる。このことは，実用的には大変メリットが大きい。しかし，Newton 法は，関数 $f(x)$ が単調連続で変曲点がない場合にしか適用できない。

　そこで，Regula falsi 法や二分法を応用すれば，Newton 法のように，適当な初期値を1点のみ与えれば根を求めることができる場合もあるので，それを以下に示す。

　方程式 $f(x)=0$ が，

$$f_1(x) = f_2(x) \quad \text{ただし，} x=0 \text{ のとき，} f_1(x)=0, f_2(x) \neq 0 \qquad (6)$$

の形に変形できる場合について考えてみよう。まず，式(6)を更に変形して，次式で関数 $F(x)$ を定義する。

$$F(x) \equiv \frac{f_1(x)}{f_2(x)} = 1 \qquad (7)$$

$x=0$ のとき，$f_1(x)=0, f_2(x) \neq 0$ であるから，$F(x)=0$ となり，式(7)をグラフ表示すると，原点を通る曲線が $F(x)=1$ と交わる点が根となる。図1.5のように，x_n を初期値とし，点 a と原点を直線で結び，つまり Regula falsi 法を使って，$F(x)=1$ との交点 c の x 座標 x_{n+1} を求めれば，

$$x_{n+1} = \frac{x_n}{F(x_n)} \qquad (8)$$

となる。したがって，式(8)を反復公式として，Newton 法と同様に収束解を求めればよいことになる。

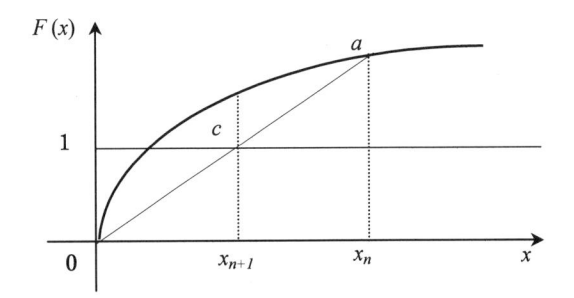

図 1.5　関数 $F(x)$ と Regula falsi 法(収容するケース)

　しかし，関数 $F(x)$ のグラフ形状は，常に図1.5のようであるとは限らない。図1.6のような場合には，この方法では発散する。

　図1.6のような場合，初期値 x_n から出発し，Regula falsi 法を使って，x_{n+1}, x_{n+2} を求めると発散する。そこで，x_{n+2} を求める前の段階で，次式を調べる。

$$\{F(x_n)-1\}\{F(x_{n+1})-1\} < 0 \qquad (9)$$

が成り立つ場合は，求めるべき根は x_n と x_{n+1} の間に存在することがわかる。そこで，以降の反復公式は二分法に切り替える。つまり，

$$x_{n+2} = (x_n + x_{n+1})/2 \qquad (10)$$

とする。なお，式(9)の判定を省き，図1.5を含むすべてのケースに無条件で式(10)を適用しても構わない。

1 方程式の求根

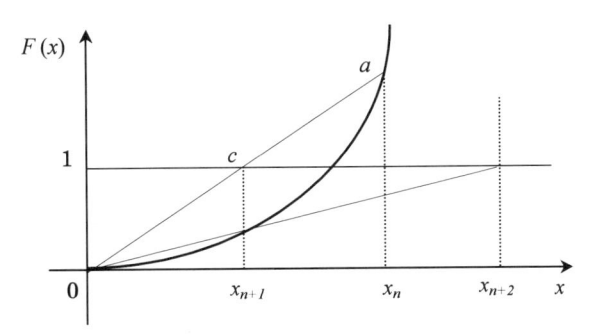

図 1.6 関数 $F(x)$ と Regula falsi 法(発散するケース)

例題 1.3 $f(x)=(x/2)\exp\{x^2\}-\exp(x)=0$ の根を上の方法で求めよ。ただし、初期値 $x_0=2$ とし、収束判定条件を 2 つの近似根間の差をとり、$\varepsilon=10^{-5}$ とせよ。

〈 例題 1.3 のプログラム例 〉-------------- Aplied method of Regula-falsi and Bisection ---------------

```c
#include<stdio.h>
#include<stdlib.h>
#include<math.h>
#define f1(x) x/2*exp(x*x)                    /* 関数 f1(x)の定義 */
#define f2(x) exp(x)                          /* 関数 f2(x)の定義 */
#define F(x)  f1(x)/f2(x)                     /* 関数 F(x)の定義 */
#define EPS 1.E-5                             /* 収束条件εの定義*/
void main(void)
{
    double x0, x=2, xm, fx0, fx, fxm, dx;
    int n=0, flag=0;                          /* 反復公式が(8)式の時 flag=0*/
    printf("   n     x      flag\n");
    x0=x;fx0=F(x);
    do
     {
       printf("%5d%9.5f%5d\n",n, x, flag);
       n++;
       if(flag==0)                            /* 反復公式が(8)式の場合    */
         {
           x=x0/fx0;
           fx=F(x);
           dx=fabs(x0-x);
           if((fx0-1)*(fx-1)<0) flag=1;       /* (9)式の判定*/
           else x0=x;
         }
       else                                   /* 反復公式が(10)式の場合   */
         {
           xm=(x+x0)/2;
           fxm=F(xm);
           dx=fabs(x0-x);
           if((fx0-1)*(fxm-1)>0) x0=xm;
           else x=xm;
         }
     }while(dx>EPS);                          /* 収束判定   */
    printf("\n  x=%9.4f\n", x);
}
```

< 計算結果 >--

```
 n    x         flag
 0   2.00000     0
 1   0.27067     1
 2   1.13534     1
 3   1.13534     1
 4   1.13534     1
 5   1.24342     1
 6   1.29746     1
 7   1.29746     1
 8   1.31097     1
 9   1.31097     1
10   1.31435     1
11   1.31604     1
12   1.31688     1
13   1.31688     1
14   1.31709     1
15   1.31709     1
16   1.31709     1
17   1.31712     1
18   1.31712     1
19   1.31713     1

x=   1.3171
```

1.5　2変数二分法

関数 $f(x)=0$ の複素根 $\alpha+i\beta$ を求めるとき，
$$f(\alpha+i\beta)=f_1(\alpha,\beta)+if_2(\alpha,\beta)=0$$
と書き換えられるならば，$f_1(\alpha,\beta)=0$，$f_2(\alpha,\beta)=0$ なる連立方程式を解くことになる。ここでは，一般的な連立方程式
$$f_1(x,y)=0 \qquad f_2(x,y)=0 \tag{11}$$
の実根を二分法で求める方法について述べる。

式(11)の2式のうちで，方程式 $f(x,y)=0$ から x に値を与えて数値解法で y について解きやすい方の関数を f_1 と定義する。まず，図1.7に示すように，根を挟んで x の上限 $x_U{}^{(0)}$ および下限 $x_L{}^{(0)}$ を与えて，曲線 $f_1=0$ 上に点 $\mathrm{a}(x_U{}^{(0)}, y_U{}^{(0)})$，点 $\mathrm{b}(x_L{}^{(0)}, y_L{}^{(0)})$ を求め

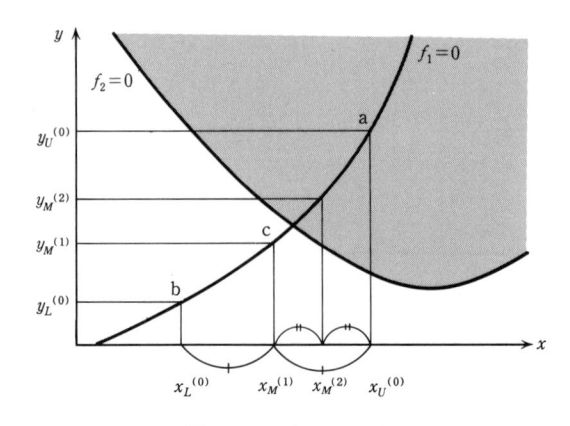

図 1.7　2変数二分法

1　方程式の求根

る。いま曲線 $f_2=0$ を境界線として，x-y 平面を 2 つの領域に分けたとき，点 a と点 b は互いに他の領域に存在する。関数 f_2 の値は境界線上でゼロ，そして互いに他の領域では異なる符号をもつ。したがって，$f_2(x_U{}^{(0)},y_U{}^{(0)})f_2(x_L{}^{(0)},y_L{}^{(0)})<0$ となる。次に，x 軸上で $x_U{}^{(0)}$ と $x_L{}^{(0)}$ の中点 $x_M{}^{(1)}$ を求め，曲線 $f_1=0$ 上に点 c$(x_M{}^{(1)},y_M{}^{(1)})$ を求める。そして点 c における $f_2(x_M{}^{(1)},y_M{}^{(1)})$ の符号を調べて，点 c がいずれの領域に存在するかを知り，x 軸上の根の存在範囲を 1/2 に減少させる。以下同様の操作を繰り返し，所定の精度内に収束させ根を得る。

例題 1.4　連立方程式

$$y=\sqrt{\ln(x^2-4x+10)+\ln 2} \qquad x^2-y^2=2\sin\frac{1}{\sqrt{2}}(x+y)$$

の根を，x の区間 $[0,3]$ で 2 変数二分法を用いて求めよ。この場合，第 1 式を $f_1=0$，第 2 式を $f_2=0$ と考えるとよい。

〈 例題 1.4 のプログラム例 〉---------- Bisection method for two variables ----------------------

```
#include <stdio.h>
#include <math.h>
#define G(x)    sqrt(log(x*x-4.*x+10.)+log(2.))      /* f₁=0 を変形して y=G(x)      */
#define F(x,y)  x*x-y*y-2.*sin((x+y)/sqrt(2.))        /* f₂を F(x,y)として関数定義   */
#define  EPS 1.E-5

void main(void)
{
    double xl=0.,xu=3.;                               /* 根の存在区間              */
    double fl,yl,fm,xm,ym;
    int n=0;                                          /* 反復回数の初期値          */
    yl=G(xl);                                         /* xL に対する yL の計算      */
    fl=F(xl,yl);                                      /* 座標(xL,yL)における fL の計算 */
    do{
        xm=(xl+xu)/2.;                                /* 中点の計算                */
        ym=G(xm);                                     /* xM に対する yM の計算      */
        fm=F(xm,ym);                                  /* fM の計算                 */
        n++;                                          /* 反復回数に 1 を加える      */
        if(n>=20)
          {
            printf("PROGRAM ERROR\n");
            break;
          }
        if(fl*fm<0.)                                  /* fL fM<0 の判定            */
          {xu=xm;}                                    /* 中点 xM の値を xU とする   */
        else
          {xl=xm;}                                    /* 中点 xM の値を xL とする   */
    }while((xu-xl)>EPS);                              /* 収束の判定                */
    if(n<20)
      { printf(" x=%.3f   y=%.3f\n",xm,ym); }
}
```

〈 計算結果 〉--
　x=1.928　　y=1.577

1.6 Bairstow法

この方法は，多項式高次代数方程式 $f(x)$ を2次式の積に変形し，2次式の根の公式を使って全部の根を求める方法である。実根，虚根の区別なくすべての根が求まる便利な方法である。

n 次代数方程式が

$$f(x) = a_0 x^n + a_1 x^{n-1} + \cdots + a_{n-1} x + a_n = 0 \qquad (12)$$

と与えられている。ただし，$a_k (k=0, 1, \cdots, n)$ は実数である。このとき $f(x)$ を $x^2 + px + q$ で割った商を

$$Q(x) = b_0 x^{n-2} + b_1 x^{n-3} + \cdots + b_{n-3} x + b_{n-2} \qquad (13)$$

とし，余りを $g_1 x + g_2$ とすると，恒等式

$$f(x) = (x^2 + px + q) Q(x) + g_1 x + g_2 \qquad (14)$$

が成り立つ。式(13)を式(14)に代入し，式(12)の x の各べき項の係数と比較すると，次の関係が得られる。ただし，$b_{-1} = b_{-2} = 0$ である。

$$b_k = a_k - p b_{k-1} - q b_{k-2} \qquad (k = 0, 1, \cdots, n) \qquad (15)$$

$$g_1 = b_{n-1}, \qquad g_2 = b_n + p b_{n-1} \qquad (16)$$

ここで，g_1 と g_2 は共に p, q の関数であり，

$$g_1(p, q) = 0 \qquad g_2(p, q) = 0 \qquad (17)$$

が成り立つ p, q が見つかれば，$f(x)$ は $(x^2 + px + q)$ で因数分解できたことになり，$x^2 + px + q = 0$ の根が $f(x) = 0$ の根になる。

式(17)は前節の2変数二分法で解くこともできるが，ここでは Newton-Raphson 法を用いる。p, q の第 j 近似値を p_j, q_j とし，

$$p = p_j + \Delta p, \qquad q = q_j + \Delta q$$

とすると，

$$\left.\begin{array}{l} g_1(p, q) = g_1(p_j, q_j) + \dfrac{\partial g_1}{\partial p} \Delta p + \dfrac{\partial g_1}{\partial q} \Delta q = 0 \\[2mm] g_2(p, q) = g_2(p_j, q_j) + \dfrac{\partial g_2}{\partial p} \Delta p + \dfrac{\partial g_2}{\partial q} \Delta q = 0 \end{array}\right\} \qquad (18)$$

となる。式(18)の連立方程式を $\Delta p, \Delta q$ について解いて，

$$p_{j+1} = p_j + \Delta p, \qquad q_{j+1} = q_j + \Delta q$$

を次の近似値として収束するまで繰り返す。

$$\frac{\partial g_1}{\partial p}, \quad \frac{\partial g_1}{\partial q}, \quad \frac{\partial g_2}{\partial p}, \quad \frac{\partial g_2}{\partial q}$$

の値を式(16)から求め，式(18)に代入して整理すれば，

$$\left.\begin{array}{l} \Delta p = (b_{n-1} c_{n-2} - b_n c_{n-3}) / \det \\ \Delta q = \{b_n c_{n-2} - b_{n-1}(c_{n-1} - b_{n-1})\} / \det \\ \det = c_{n-2}^2 - c_{n-3}(c_{n-1} - b_{n-1}) \end{array}\right\} \qquad (19)$$

である。ここで，c_k は

$$c_k = b_k - p c_{k-1} - q c_{k-2} \qquad (k = 0, 1, \cdots, n-1) \qquad (20)$$

の関係にある。ただし，$c_{-1} = c_{-2} = 0$ である。

1 方程式の求根

例題 1.5 代数方程式

$$x^4 - 2x^3 + 2x^2 - 50x + 625 = 0$$

を Bairstow 法を用いて解け。

なお，プログラムは一般的な多項式高次代数方程式である式(12)を対象としてつくり，次数 n，係数 $a_k (k=0, 1, \cdots, n)$，p と q の初期値，収束判定条件 ε(EPS)をデータとして入力せよ。

〈 例題 1.5 のプログラム例 〉--------------- Bairstow method ---------------

```
#include <stdio.h>
#include <stdlib.h>
#include <math.h>
#define eps 1.E-6
void root(double ,double );

void main(void)
{
  double a[20],b[20],c[20];              /* 式(12)の a,式(15)の b,式(20)の c の配列宣言*/
  double p,q,dp,dq,d;
  double xr,xi;
  int i,j,k,m,n;
  scanf("%lf %lf",&p,&q);                /* p,q のデータを読み込む         */
  scanf("%d",&n);                        /* n のデータを読み込む           */
  for(k=0;k<=n;k++){
    scanf("%lf",&a[k]);                  /* 係数 a_k のデータを読み込む */
  }
  printf("REAL PART     IMAGINARY PART\n");
  for(i=0;;i++){                         /* 2 次式(x²+px+q)を求めた回数 i の初期値  */
    m=n-2*i;                             /* 2 次式が求まるたびに n は 2 減り,次数は m となる*/
    if(m==1){              /* 高次式が 2 次ずつ減少し,最終的に 2 次以下になったかの判定 */
      xr=-a[1]/a[0];                     /* m=1 のとき,1 次式の根（実根）      */
      xi=0.;                             /* 実数部：xr=-a(1)/a(0),虚数部：xi=0   */
      printf("%12.5e  %12.5e\n",xr,xi);
      break;
    }
    else if(m==2){                       /* m=2 のとき,x²=px+q の 2 根を計算*/
      root(a[1]/a[0],a[2]/a[0]);         /* root 関数の呼び出し    */
      break;
    }
    else{                                /* m>2 のとき Newton-Raphson 法*/
      for(j=1;j<20;j++){                 /* Newton-Raphson 法の繰り返し回数の限界 */
        b[0]=a[0];                       /* 式(15)で b_k の計算      */
        b[1]=a[1]-p*b[0];
        for(k=2;k<=m;k++){
          b[k]=a[k]-p*b[k-1]-q*b[k-2];
        }
        c[0]=b[0];                                    /* 式(20)で c_k の計算 */
        c[1]=b[1]-p*c[0];
        for(k=2;k<m;k++){
          c[k]=b[k]-p*c[k-1]-q*c[k-2];
        }
        d=c[m-2]*c[m-2]-c[m-3]*(c[m-1]-b[m-1]);
        dp=(b[m-1]*c[m-2]-b[m]*c[m-3])/d;
        dq=(b[m]*c[m-2]-b[m-1]*(c[m-1]-b[m-1]))/d;    /* 式(19)で⊿p,⊿q の計算   */
        p+=dp;                                        /* p の値,q の値の修正  */
        q+=dq;
        if(fabs(dp)<eps && fabs(dq)<eps){             /* 収束の判定         */
          root(p,q);                                  /* root 関数の呼び出し  */
```

```
                    for(k=0;k<=m;k++){                    /* b_k を改めて a_k と置く */
                      a[k]=b[k];
                    }
                    break;
                  }
                }
              if(j==20){                                  /* Newton-Raphson 法の繰り返し回数の限界 */
                printf("NOT CONVERGED,CHECK INITIAL VALUES OF P AND Q\n");
                for(k=0;k<=m;k++){                        /* 収束せず a_k の印刷 */
                  printf("%12.5e\n",a[k]);
                }
                break;
              }
            }
        }
    }
}

/*---------------------------------- Roots of x^2+px+q=0 ----------------------------------*/
void root(double p,double q)
{
  double d,xr1,xr2,xi1,xi2;
  d=p*p-4.*q;                                            /* 判別式   */
  if(d<0.)                                               /* 虚根     */
    {
      xr1=-p/2.;
      xi1=sqrt(-d)/2.;
      xr2=xr1;
      xi2=-xi1;
    }
  else                                                   /* 実根     */
    {
      xr1=(-p+sqrt(d))/2.;
      xi1=0.;
      xr2=(-p-sqrt(d))/2.;
      xi2=0.;
    }
  printf("%12.5e   %12.5e\n",xr1,xi1);
  printf("%12.5e   %12.5e\n",xr2,xi2);
  return;
}
```

〈 データ 〉--
  0.   0.
  4
  1. -2. 2. -50. 625.

〈 計算結果 〉--
  REAL PART   IMAGINARY PART
  -3.00000e+00   4.00000e+00
  -3.00000e+00   -4.00000e+00
   4.00000e+00   3.00000e+00
   4.00000e+00   -3.00000e+00
----

1 方程式の求根

演習問題

1. $f(x)=x\ln x-1=0$ の根を Newton 法を用いて求めよ。　　　　　　　　　（答）　1.76
2. 問 1 の方程式の根を Regula falsi 法を用いて求めよ。
3. 問 1 の方程式の根を 1.4 節の方法を用いて求めよ。
4. 連立方程式
$$\begin{cases} y^3=4(x^3+1) \\ e^y=e^x+e^{-x}+e^{1/y}+3 \end{cases}$$
の根を 2 変数二分法を用いて求めよ。　　　　　（答）　$x=1.06,\ y=2.06$
5. 連立方程式
$$\begin{cases} x^2+2\sqrt{3}\,xy-y^2=4\sin[\{(\sqrt{3}-1)x+(\sqrt{3}+1)y\}/(2\sqrt{2})] \\ x^2-2\sqrt{3}\,xy+3y^2=4\ln(3x^2+2\sqrt{3}\,xy-8\sqrt{3}\,x+y^2-8y+40)-4\ln 2 \end{cases}$$
の根を 2 変数二分法を用いて求めよ。　　　　　（答）　$x=-0.35,\ y=-2.39$
6. 次の代数方程式の根を Bairstow 法を用いて求めよ。
   (1)　$x^3-7x^2+16x-10=0$　　　　　　　　　　　　（答）　$1,\ 3\pm i$
   (2)　$x^4-10x^3+35x^2-50x+24=0$　　　　　　　（答）　$1,\ 2,\ 3,\ 4$
   (3)　$x^4-8x^3+39x^2-62x+50=0$　　　　　　　（答）　$3\pm 4i,\ 1\pm i$

2

連立1次方程式と逆行列

連立1次方程式は，次の形で表される。

$$\left.\begin{array}{l}a_{11}x_1+a_{12}x_2+\cdots+a_{1n}x_n=b_1\\a_{21}x_1+a_{22}x_2+\cdots+a_{2n}x_n=b_2\\\cdots\\a_{n1}x_1+a_{n2}x_2+\cdots+a_{nn}x_n=b_n\end{array}\right\} \quad (1)$$

この方程式は，行列とベクトルの記号を用いて，

$$Ax=b \qquad (2)$$

と書くことができる。ここに，A は n 行 n 列の正方行列で係数行列とよばれ，x と b が未知(列)ベクトルと既知(列)ベクトルを表している。

この連立1次方程式の数値解を求める代表的な方法として

① 直接法 ─┬─ Gauss の消去法
　　　　　├─ Gauss-Jordan 法(掃出し法)
　　　　　└─ 三角化分解法(LU 分解法)
② 反復法 ─┬─ Jacobi 反復法
　　　　　├─ Gauss-Seidel 法
　　　　　└─ 共役勾配法

がある。本章では，Gauss-Jordan 法，三項対角方程式を解く Thomas 法(三角化分解法の一種)，および Gauss-Seidel 法について述べる。

また，A を n 次正方行列，I を n 次単位行列とするとき，$AA^{-1}=I$ を満足する A^{-1} を A の逆行列という。この逆行列 A^{-1} を Gauss-Jordan 法によって求める方法についても述べる。

2.1 Gauss-Jordan 法(掃出し法)

Gauss-Jordan 法は，前進のみの消去法で後進部がないのが特徴である。この方法はプログラムが簡単で，一般に精度もよいので，広く用いられる。

まず，消去の第1段階では，式(1)の第1式の両辺を a_{11} で割り，得られた第1式を用いて第 i 式 $(i=2,\cdots,n)$ の x_1 の係数 a_{i1} を消去する。

$$\left.\begin{array}{l}x_1+a_{12}^{(1)}x_2+a_{13}^{(1)}x_3+\cdots+a_{1n}^{(1)}x_n=b_1^{(1)}\\ \quad a_{22}^{(1)}x_2+a_{23}^{(1)}x_3+\cdots+a_{2n}^{(1)}x_n=b_2^{(1)}\\ \quad \cdots\\ \quad a_{n2}^{(1)}x_2+a_{n3}^{(1)}x_3+\cdots+a_{nn}^{(1)}x_n=b_n^{(1)}\end{array}\right\} \quad (3)$$

ここで $a_{ij}^{(1)}$ および $b_i^{(1)}$ は新しい係数を表す．次に第2段階では，式(3)の第2式を $a_{22}^{(1)}$ で割り，得られた第2式を用いて第1式および第 i 式 ($i=3,\cdots,n$) の x_2 の係数を消去すると，

$$\left.\begin{array}{l}x_1 \quad +a_{13}^{(2)}x_3+\cdots+a_{1n}^{(2)}x_n=b_1^{(2)}\\ \quad x_2+a_{23}^{(2)}x_3+\cdots+a_{2n}^{(2)}x_n=b_2^{(2)}\\ \quad \cdots\\ \quad a_{n3}^{(2)}x_3+\cdots+a_{nn}^{(2)}x_n=b_n^{(2)}\end{array}\right\} \quad (4)$$

となる．以下同様の操作を第3式から第 n 式まで繰り返して消去を行うと，結局，

$$\left.\begin{array}{l}x_1=b_1^{(n)}, \quad x_2=b_2^{(n)},\\ \quad \cdots, \quad x_n=b_n^{(n)}\end{array}\right\} \quad (5)$$

の形で解が求まる．

一般に，第 k 段階における要素 $a_{ij}^{(k)}$ および $b_i^{(k)}$ は次式で与えられる．

$$\left.\begin{array}{l}a_{kj}^{(k)}=a_{kj}^{(k-1)}/a_{kk}^{(k-1)}\\ b_k^{(k)}=b_k^{(k-1)}/a_{kk}^{(k-1)}\end{array}\right\} \quad (j=k+1,\cdots,n) \quad (6)$$

$$\left.\begin{array}{l}a_{ij}^{(k)}=a_{ij}^{(k-1)}-a_{ik}^{(k-1)}\cdot a_{kj}^{(k)}\\ b_i^{(k)}=b_i^{(k-1)}-a_{ik}^{(k-1)}\cdot b_k^{(k)}\end{array}\right\}$$

$$\begin{pmatrix}i=1,\cdots,k-1,k+1,\cdots,n\\ j=k+1,\cdots,n\end{pmatrix} \quad (7)$$

ところで消去の各段階で $a_{11},a_{22}^{(1)},\cdots,a_{nn}^{(n-1)}$ で除算を行うが，この係数 $a_{kk}^{(k-1)}$ は軸要素(pivot)とよばれ，重要な役割を果す．軸要素の値が0に近いと，式(7)の右辺の第2項が第1項よりも大きくなり，$a_{kk}^{(k-1)}$ の精度落ちが $a_{ij}^{(k)}$ と $b_i^{(k)}$ のすべてに影響し，解の精度は軸要素 $a_{kk}^{(k-1)}$ の精度以下となる．それを避けるため，消去の第 k 段階では，$a_{ij}^{(k-1)}$ ($i=k,\cdots,n, j=k,\cdots,n$) の中から絶対値の最大の要素 $a_{pq}^{(k-1)}$ を捜し，$a_{pq}^{(k-1)}$ が $a_{kk}^{(k-1)}$ の位置にくるように，方程式の順序の入替え(k 行と p 行の入替え)と変数の順序の入替え(k 列と q 列の入替え)を行う．ただし，列の入替えについては，これを記憶しておき，消去が完了したあと結果をもとの形にもどさねばならない．たとえば，k 列と q 列を入れ替えたならば，最後に k 行と q 行を入れ替える．

また，$|a_{pq}^{(k-1)}|\leq\varepsilon$(条件値)ならば，係数行列 A が特異であり，連立1次方程式は不能または不定であるとして計算を打ち切る．

$$\begin{bmatrix} 1 & \cdots\cdots & 0 & & & & a_{1n}^{(k-1)} & b_1^{(k-1)} \\ 0 & \cdots\cdots & 1 & & & & & \\ 0 & \cdots\cdots & 0 & a_{kk}^{(k-1)} & \text{────} & a_{kn}^{(k-1)} & & b_k^{(k-1)} \\ & & & & a_{pq}^{(k-1)} & \text{──} & & b_p^{(k-1)} \\ 0 & \cdots\cdots & 0 & a_{nk}^{(k-1)} & & a_{nn}^{(k-1)} & & b_n^{(k-1)} \end{bmatrix} \begin{matrix} \\ \\ \leftarrow k\text{行} \\ \leftarrow p\text{行} \\ \\ \end{matrix} \text{方程式の入替え}$$

             k列 q列

           変数の入替え

            ⇓

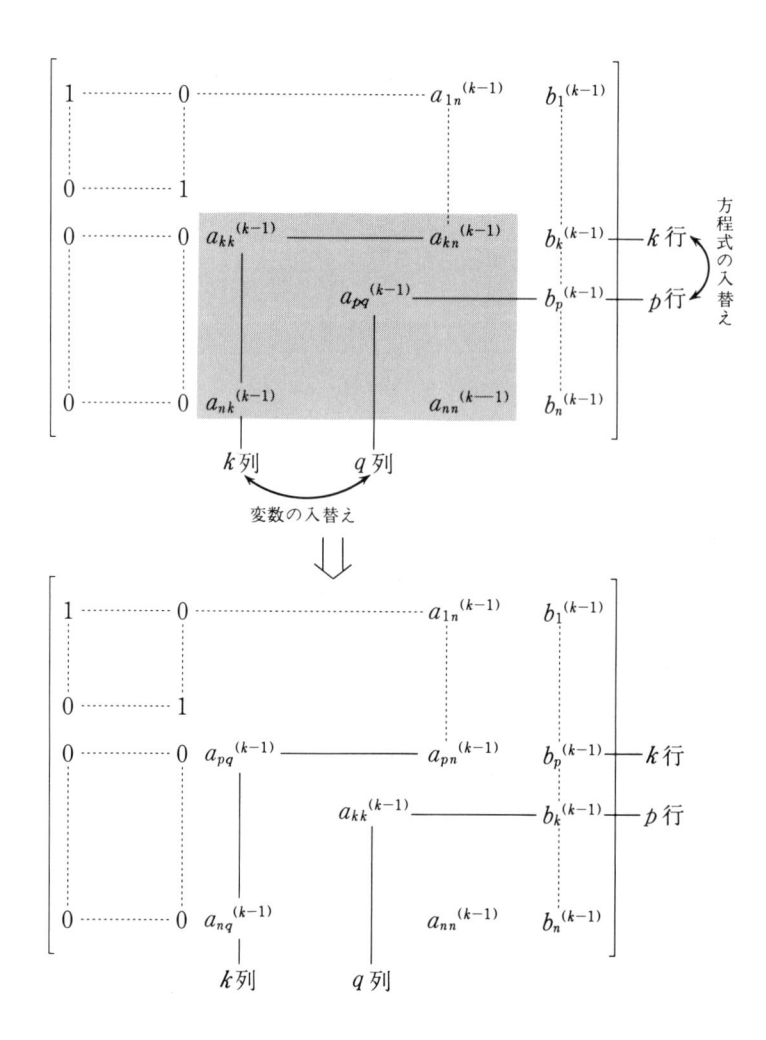

$$\begin{bmatrix} 1 & \cdots\cdots & 0 & & & & a_{1n}^{(k-1)} & b_1^{(k-1)} \\ 0 & \cdots\cdots & 1 & & & & & \\ 0 & \cdots\cdots & 0 & a_{pq}^{(k-1)} & \text{────} & a_{pn}^{(k-1)} & & b_p^{(k-1)} \\ & & & & a_{kk}^{(k-1)} & \text{──} & & b_k^{(k-1)} \\ 0 & \cdots\cdots & 0 & a_{nq}^{(k-1)} & & a_{nn}^{(k-1)} & & b_n^{(k-1)} \end{bmatrix} \begin{matrix} \\ \\ \leftarrow k\text{行} \\ \leftarrow p\text{行} \\ \\ \end{matrix}$$

             k列 q列

例題 2.1 連立1次方程式

$$\begin{cases} 3x_1 + 2x_2 + 7x_3 + x_4 = 8 \\ x_1 + 5x_2 + x_3 - x_4 = 5 \\ 4x_1 + x_2 + 3x_3 - 2x_4 = 7 \\ x_1 + 6x_2 + 4x_3 + 3x_4 = 13 \end{cases}$$

を Gauss-Jordan 法で解け。

【例題2.1のプログラミングの指針】 式(2)の係数行列 $\boldsymbol{A}$ と既知ベクトル $\boldsymbol{b}$ を1つにまとめた付加行列

$$\begin{bmatrix} a_{11} & a_{12} & \cdots & a_{1n} & b_1 \\ a_{21} & a_{22} & \cdots & a_{2n} & b_2 \\ \vdots & \vdots & & \vdots & \vdots \\ a_{n1} & a_{n2} & \cdots & a_{nn} & b_n \end{bmatrix}$$

を作り,これを

$$\begin{bmatrix} a_{11} & a_{12} & \cdots & a_{1n} & a_{1,n+1} \\ a_{21} & a_{22} & \cdots & a_{2n} & a_{2,n+1} \\ \vdots & \vdots & & \vdots & \vdots \\ a_{n1} & a_{n2} & \cdots & a_{nn} & a_{n,n+1} \end{bmatrix}$$

と書き改める。さらに，この付加行列を

$$\begin{bmatrix} a_{11} & a_{12} & \cdots & a_{1n} & a_{1,n+1} & a_{1,n+2} & \cdots & a_{1,n+r} \\ a_{21} & a_{22} & \cdots & a_{2n} & a_{2,n+1} & a_{2,n+2} & \cdots & a_{2,n+r} \\ \vdots & \vdots & & \vdots & \vdots & \vdots & & \vdots \\ a_{n1} & a_{n2} & \cdots & a_{nn} & a_{n,n+1} & a_{n,n+2} & \cdots & a_{n,n+r} \end{bmatrix} \quad (8)$$

のように拡張し，係数行列 A は同一で既知ベクトル b が異なる r 組の連立1次方程式

$$Ax_1 = b_1, \quad Ax_2 = b_2, \cdots, Ax_r = b_r$$

の解を一度に求めることができるプログラムを作成する。この場合，第 k 段階における要素 $a_{ij}{}^{(k)}$ は，$m=n+r$ とおいて次式で与えられる。

$$a_{kj}{}^{(k)} = a_{kj}{}^{(k-1)} / a_{kk}{}^{(k-1)} \qquad (j=k+1, k+2, \cdots, m) \tag{9}$$

$$a_{ij}{}^{(k)} = a_{ij}{}^{(k-1)} - a_{ik}{}^{(k-1)} \cdot a_{kj}{}^{(k)} \qquad \begin{pmatrix} i=1, 2, \cdots, k-1, k+1, \cdots, n \\ j=k+1, k+2, \cdots, m \end{pmatrix} \tag{10}$$

── メモ(2) ──

スケーリング（正規化）

連立1次方程式の係数 a_{ij} ($i, j = 1, 2, \cdots, n$) の絶対値が極端に違っていると，桁落ち誤差が発生しやすく，演算が不安定になる恐れがある。これを避けるため，計算を始める前に係数の絶対値がほぼ同じくらいになるように，下記の手順で調整しておく必要がある。この操作をスケーリング(scaling)または正規化という。

① 与えられた連立1次方程式 $\sum_{j=1}^{n} a_{ij} x_j = b_i$ ($i=1, 2, \cdots, n$) を

$$\sum_{j=1}^{n} \frac{a_{ij}}{s_i} x_j = \frac{b_i}{s_i} \qquad (\text{ただし，} s_i = \max |a_{ij}| \quad 1 \leq j \leq n)$$

と書きなおす。

② ①で得られた方程式を

$$\sum_{j=1}^{n} \frac{a_{ij}}{s_i t_j} y_j = \frac{b_i}{s_i} \qquad (\text{ただし，} t_j = \max \left| \frac{a_{ij}}{s_i} \right| \quad 1 \leq i \leq n)$$

と書きなおす。

③ ②で得られた y_j を未知数とする方程式を解けば，解 x_j は

$$x_j = \frac{y_j}{t_j}$$

となる。

〈 例題 2.1 のプログラム例 〉-------------- Gauss-Jordan method --------------------------------
```c
#include <stdio.h>
#include <math.h>
#define eps 1.e-5
void sweep(double *,double *,int,int,int *,int);

void main(void)
{
  double a[4][5],t[4];                  /* 式(8)の行列 a と scaling 用の配列 t*/
  int iwork[4];                         /* 作業領域 iwork                     */
  int i,j,m,n,ILL=0;
  scanf("%d %d",&n,&m);                 /* 行列 a の行数 n と列数 m を入力    */
  for(i=0;i<n;++i){                     /* 行列 a の各要素を入力              */
    for(j=0;j<m;++j){
      scanf("%lf",&a[i][j]);
    }
  }
  sweep(a,t,n,m,iwork,ILL);             /* Gauss-Jordan 法の呼び出し*/
  if(ILL!=1){                           /* 解が正常かどうかの判定   */
    for(i=0;i<n;++i){
      for(j=n;j<m;++j){
        printf("x(%d)=%8.4f\n",i+1,a[i][j]);            /* 解の出力 */
      }
    }
  }
}
/*----------------------------- Gauss-Jordan 法       -----------------------------*/
void sweep(double *pa,double *pt,int n,int m,int *piwork,int ILL)
{
  double max,w;
  int i,j,k,iw,p,q;

  for(i=0;i<n;++i){                                     /* スケーリング(正規化)*/
    max=fabs(*(pa+m*i));                                /* メモ 2 の①の計算 */
    for(j=0;j<n;++j){
      if(max<fabs(*(pa+m*i+j))) max=fabs(*(pa+m*i+j));
    }
    for(j=0;j<m;++j) *(pa+m*i+j)=*(pa+m*i+j)/max;
  }
  for(j=0;j<n;++j){                                     /* メモ 2 の②の計算 */
    max=fabs(*(pa+j));
    for(i=0;i<n;++i){
      if(max<fabs(*(pa+m*i+j))) max=fabs(*(pa+m*i+j));
    }
    *(pt+j)=max;                                        /* $t_j$ の値の記憶     */
    for(i=0;i<n;++i) *(pa+m*i+j)=*(pa+m*i+j)/max;
  }
  for(i=0;i<n;++i){                  /* 列の入替えを記憶する配列 iwork の初期設定*/
    *(piwork+i)=i;
  }
  for(k=0;k<n;++k){                                     /* 掃き出しの k 段階を指定     */
    max=fabs(*(pa+m*k+k));                              /* 絶対値最大の要素 $a_{pq}$ を求める */
    p=k;
    q=k;
    for(j=k;j<n;++j){
      for(i=k;i<n;++i){
        if(max<fabs(*(pa+m*i+j))){
          max=fabs(*(pa+m*i+j));
          p=i;
          q=j;
```

```
          }
        }
      }
      if(max<=eps){                          /* 解が不能の時の処理         */
        ILL=1;
        printf("Matrix is ill.\n");
        return;
      }
      for(i=0;i<n;++i){                      /* k列とq列の入替え          */
        w=*(pa+m*i+k);
        *(pa+m*i+k)=*(pa+m*i+q);
        *(pa+m*i+q)=w;
      }
      for(j=k;j<m;++j){                      /* k行とp行の入替え          */
        w=*(pa+m*k+j);
        *(pa+m*k+j)=*(pa+m*p+j);
        *(pa+m*p+j)=w;
      }
      i=*(piwork+k);                         /* 列の入替えを記憶          */
      *(piwork+k)=*(piwork+q);
      *(piwork+q)=i;

      for(j=k+1;j<m;++j){                    /* 式(9)による a_{kj}^{(k)} の計算 */
        *(pa+m*k+j)=*(pa+m*k+j)/(*(pa+m*k+k));
      }
      for(i=0;i<n;++i){                      /* 式(10)による a_{ij}^{(k)} の計算*/
        if(i!=k){
          for(j=k+1;j<m;++j){
            *(pa+m*i+j)=*(pa+m*i+j)-*(pa+m*i+k)*(*(pa+m*k+j));
          }
        }
      }
    }
    for(j=n;j<m;++j){                        /* 列の入替えに基づき解の並び替え    */
      for(i=0;i<n;++i){
        iw=*(piwork+i);
        *(pa+m*iw+n-1)=*(pa+m*i+j);          /* (n-1)列を作業領域として使用    */
      }
      for(i=0;i<n;++i){
        *(pa+m*i+j)=*(pa+m*i+n-1)/(*(pt+i));/* 作業領域から戻し，メモ2の③の計算 */
      }
    }
    return;
  }
```
〈データ〉--
  4 5
  3.0 2.0 7.0 1.0 8.0
  1.0 5.0 1.0 -1.0 5.0
  4.0 1.0 3.0 -2.0 7.0
  1.0 6.0 4.0 3.0 13.0
〈計算結果〉--
  x(1)=   3.5000
  x(2)=   1.0000
  x(3)= -1.0000
  x(4)=   2.5000

2.2 Thomas法──三項対角方程式に対する解法

A が帯行列をなす連立1次方程式 $Ax = b$ を，Gauss の消去法や Gauss-Jordan 法などで解くと計算のむだが非常に多い．この場合，次に述べる Thomas 法を用いるのが有効である．

三項対角行列 A は，

$$A = \begin{bmatrix} a_{11} & a_{12} & & & & 0 \\ a_{21} & a_{22} & a_{23} & & & \\ & a_{32} & a_{33} & a_{34} & & \\ & & \ddots & \ddots & \ddots & \\ & & & a_{n-1,n-2} & a_{n-1,n-1} & a_{n-1,n} \\ 0 & & & & a_{n,n-1} & a_{n,n} \end{bmatrix}$$

である．この行列を次の下三角行列 L と上三角行列 U に分解する．

$$L = \begin{bmatrix} l_{11} & & & & & 0 \\ l_{21} & l_{22} & & & & \\ & l_{32} & l_{33} & & & \\ & & \ddots & \ddots & & \\ & & & l_{n-1,n-2} & l_{n-1,n-1} & \\ 0 & & & & l_{n,n-1} & l_{n,n} \end{bmatrix}$$

$$U = \begin{bmatrix} 1 & u_{12} & & & & 0 \\ & 1 & u_{23} & & & \\ & & 1 & u_{34} & & \\ & & & \ddots & \ddots & \\ & & & & 1 & u_{n-1,n} \\ 0 & & & & & 1 \end{bmatrix}$$

これらの行列 L と U の積もまた三項対角行列になっている．

$$LU = \begin{bmatrix} l_{11} & l_{11}u_{12} & & & & 0 \\ l_{21} & l_{21}u_{12}+l_{22} & l_{22}u_{23} & & & \\ & l_{32} & l_{32}u_{23}+l_{33} & l_{33}u_{34} & & \\ & & \ddots & \ddots & \ddots & \\ & & & & & l_{n-1,n-1}u_{n-1,n} \\ 0 & & & & l_{n,n-1} & l_{n,n-1}u_{n-1,n}+l_{n,n} \end{bmatrix}$$

$$\equiv A = \begin{bmatrix} a_{11} & a_{12} & & & & 0 \\ a_{21} & a_{22} & a_{23} & & & \\ & a_{32} & a_{33} & a_{34} & & \\ & & \ddots & \ddots & \ddots & \\ & & & a_{n-1,n-2} & a_{n-1,n-1} & a_{n-1,n} \\ 0 & & & & a_{n,n-1} & a_{n,n} \end{bmatrix}$$

A の要素と LU の要素の関係から，

$$\begin{aligned} & l_{11} = a_{11} & & u_{12} = a_{12}/l_{11} & \\ & l_{i,i-1} = a_{i,i-1} \quad l_{ii} = a_{ii} - l_{i,i-1}u_{i-1,i} & & u_{i,i+1} = a_{i,i+1}/l_{ii} & \quad (11) \\ & l_{n,n-1} = a_{n,n-1} \quad l_{nn} = a_{nn} - l_{n,n-1}u_{n-1,n} & & (i = 2, 3, \cdots, n-1) & \end{aligned}$$

が得られる．ここで，$i = 1, 2, \cdots, n$ について $l_{ii} \neq 0$ でなければならない．

2 連立1次方程式と逆行列

$Ax = b$ に $A = LU$ を代入すると，
$$LUx = b \quad \therefore \quad Ux = L^{-1}b \equiv c$$

すなわち，$Lc = b$ であり

$$Lc = \begin{bmatrix} l_{11} & & & & 0 \\ l_{21} & l_{22} & & & \\ & l_{32} & l_{33} & & \\ & & \ddots & \ddots & \\ 0 & & & l_{n,n-1} & l_{n,n} \end{bmatrix} \begin{bmatrix} c_1 \\ c_2 \\ c_3 \\ \vdots \\ c_n \end{bmatrix}$$

$$= \begin{bmatrix} l_{11}c_1 \\ l_{21}c_1 + l_{22}c_2 \\ l_{32}c_2 + l_{33}c_3 \\ \vdots \\ l_{n,n-1}c_{n-1} + l_{n,n}c_n \end{bmatrix} = b \equiv \begin{bmatrix} b_1 \\ b_2 \\ b_3 \\ \vdots \\ b_n \end{bmatrix}$$

よって，
$$c_1 = b_1/l_{11} \quad c_2 = (b_2 - l_{21}c_1)/l_{22} \cdots$$
$$c_i = (b_i - l_{i,i-1}c_{i-1})/l_{ii} \quad (i = 2, 3, \cdots, n) \tag{12}$$

この c の値を $Ux = c$ に代入して x の値が求まる。

$$\begin{bmatrix} 1 & u_{12} & & & 0 \\ & 1 & u_{23} & & \\ & & \ddots & \ddots & \\ & & & 1 & u_{n-1,n} \\ 0 & & & & 1 \end{bmatrix} \begin{bmatrix} x_1 \\ x_2 \\ \vdots \\ x_{n-1} \\ x_n \end{bmatrix} = \begin{bmatrix} c_1 \\ c_2 \\ \vdots \\ c_{n-1} \\ c_n \end{bmatrix}$$

$$x_n = c_n \quad x_{n-1} = c_{n-1} - u_{n-1,n}x_n \cdots$$
$$x_{n-k} = c_{n-k} - u_{n-k,n-k+1}x_{n-k+1} \tag{13}$$

Thomas法の原理は以上に述べたとおりであるが，実際の計算に便利なように整理して表すと次のようになる。

$$\begin{bmatrix} B_1 & C_1 & & & 0 \\ A_2 & B_2 & C_2 & & \\ & & \ddots & \ddots & \\ & & A_{n-1} & B_{n-1} & C_{n-1} \\ 0 & & & A_n & B_n \end{bmatrix} \begin{bmatrix} x_1 \\ x_2 \\ \vdots \\ x_{n-1} \\ x_n \end{bmatrix} = \begin{bmatrix} D_1 \\ D_2 \\ \vdots \\ D_{n-1} \\ D_n \end{bmatrix} \tag{14}$$

とすれば，式(11)，(12)中の u_{12}，c_1，$u_{i,i+1}$，c_i は，それぞれ

$$\left. \begin{aligned} p_1 &= C_1/B_1 \\ q_1 &= D_1/B_1 \\ p_j &= C_j/(B_j - A_jp_{j-1}) \quad (j = 2, 3, \cdots, n-1) \\ q_j &= (D_j - A_jq_{j-1})/(B_j - A_jp_{j-1}) \quad (j = 2, 3, \cdots, n) \end{aligned} \right\} \tag{15}$$

となり，式(13)は

$$\left. \begin{aligned} x_n &= q_n \\ x_j &= q_j - p_jx_{j+1} \quad (j = n-1, n-2, \cdots, 1) \end{aligned} \right\} \tag{16}$$

となる。式(15)から $p_1 \sim p_{n-1}$，$q_1 \sim q_n$ を求め，式(16)から $x_n \sim x_1$ を求める。

例題 2.2 次の三項対角方程式を Thomas 法で解け。

$$\begin{cases} x_1 + 0.2x_2 & = 1 \\ -0.2x_1 + x_2 + 0.2x_3 & = 1 \\ -0.2x_2 + x_3 + 0.2x_4 & = 1 \\ -0.2x_3 + x_4 & = 1 \end{cases}$$

< 例題 2.2 のプログラム例と計算結果 >-------------- Thomas method --------------------------

```
#include <stdio.h>
void main(void)
{
  double a[4],b[4],c[4],d[4],p[4],q[4],x[4];    /* (14)式のA,B,C,D,x と(15)式のp,q */
  int i,j,n;
  scanf("%d",&n);                                /* 方程式の元数 n の入力 */
  for(i=1;i<n;i++){
    scanf("%lf",&a[i]);                          /* (14)式の A_i の入力 */
  }
  for(i=0;i<n;i++){
    scanf("%lf",&b[i]);                          /* (14)式の B_i の入力 */
  }
  for(i=0;i<n-1;i++){
    scanf("%lf",&c[i]);                          /* (14)式の C_i の入力 */
  }
  for(i=0;i<n;i++){
    scanf("%lf",&d[i]);                          /* (14)式の D_i の入力 */
  }
  p[0]=c[0]/b[0];                                /* (15)式の p_1 の計算 */
  q[0]=d[0]/b[0];                                /* (15)式の q_1 の計算 */
  for(i=1;i<n-1;i++){
    p[i]=c[i]/(b[i]-a[i]*p[i-1]);                /* (15)式の p_i の計算 */
  }
  for(i=1;i<n;i++){
    q[i]=(d[i]-a[i]*q[i-1])/(b[i]-a[i]*p[i-1]);  /* (15)式の q_i の計算 */
  }
  x[n-1]=q[n-1];                                 /* (16)式の x_n の計算 */
  for(i=2;i<=n;i++){
    j=n-i;
    x[j]=q[j]-p[j]*x[j+1];                       /* (16)式の x_j の計算 */
  }
  for(i=0;i<n;i++){
    printf("x%d=%8.4f\n",i+1,x[i]);              /* 解の出力 */
  }
}
```

< データ >--
```
4
-0.2 -0.2 -0.2
1.0 1.0 1.0 1.0
0.2 0.2 0.2
1.0 1.0 1.0 1.0
```
< 計算結果 >--
```
x1=  0.8060
x2=  0.9700
x3=  0.9558
x4=  1.1912
```

2.3 Gauss-Seidel 法

連立1次方程式(1)において，収束するための十分条件

$$|a_{ii}| > \sum_{j \neq i} |a_{ij}| \quad (i, j = 1, 2, \cdots, n) \tag{17}$$

が成立するとき，反復計算によって解 $x_i (i=1, \cdots, n)$ を求める。

式(1)の第 i 式を x_i について解く。

$$\left. \begin{array}{l} x_1 = \dfrac{1}{a_{11}}(b_1 - a_{12}x_2 - a_{13}x_3 - \cdots - a_{1n}x_n) \\[4pt] x_2 = \dfrac{1}{a_{22}}(b_2 - a_{21}x_1 - a_{23}x_3 - \cdots - a_{2n}x_n) \\[4pt] \cdots \\[4pt] x_n = \dfrac{1}{a_{nn}}(b_n - a_{n1}x_1 - a_{n2}x_2 - \cdots - a_{n,n-1}x_{n-1}) \end{array} \right\} \tag{18}$$

この反復法は，ひとまず $x_2 = x_3 = \cdots = x_n = 0$ と仮定して，式(18)の第1式から $x_1^{(1)}$ を求め，$x_1^{(1)}$ と $x_3 = x_4 = \cdots = x_n = 0$ を用いて式(18)の第2式から $x_2^{(1)}$ を求める。この操作を繰り返し，x_1 から x_n の値 $(x_1^{(1)}, \cdots, x_n^{(1)})$ を一通り求めたのち，$x_1^{(1)}, \cdots, x_n^{(1)}$ を用いて第2回目の反復計算を行い，$x_1^{(2)}, \cdots, x_n^{(2)}$ を求める。$x_1, \cdots, x_n$ の第 k 近似値を $x_1^{(k)}, \cdots, x_n^{(k)}$ とすると，反復計算は，

$$\left. \begin{array}{l} x_1^{(k)} = \dfrac{1}{a_{11}}(b_1 - a_{12}x_2^{(k-1)} - a_{13}x_3^{(k-1)} - \cdots - a_{1n}x_n^{(k-1)}) \\[4pt] x_2^{(k)} = \dfrac{1}{a_{22}}(b_2 - a_{21}x_1^{(k)} - a_{23}x_3^{(k-1)} - \cdots - a_{2n}x_n^{(k-1)}) \\[4pt] \cdots \\[4pt] x_n^{(k)} = \dfrac{1}{a_{nn}}(b_n - a_{n1}x_1^{(k)} - a_{n2}x_2^{(k)} - \cdots - a_{n,n-1}x_{n-1}^{(k)}) \end{array} \right\} \tag{19}$$

であり，一般的に表現すると，

$$x_i^{(k)} = \frac{1}{a_{ii}}\left(b_i - \sum_{j=1}^{i-1} a_{ij}x_j^{(k)} - \sum_{j=i+1}^{n} a_{ij}x_j^{(k-1)}\right) \quad \begin{pmatrix} i=1, 2, \cdots, n \\ k=1, 2, \cdots \end{pmatrix} \tag{20}$$

となる。収束判定値を ε とすると，

$$\frac{\sum_{i=1}^{n} |x_i^{(k-1)} - x_i^{(k)}|}{\sum_{i=1}^{n} |x_i^{(k)}|} < \varepsilon \tag{21}$$

が満たされたならば，収束したものとみなして反復をやめる。

この方法は係数行列の対角要素の絶対値が非対角要素の絶対値に比べて大きい場合に有効である。また計算手順が簡単で，収束判定値を適当に選ぶことにより必要な精度を有する解を得ることができる。

例題 2.3 連立1次方程式

$$\begin{cases} 10x_1 + x_2 + x_3 = 12 \\ 2x_1 + 10x_2 + x_3 = 13 \\ 2x_1 + 2x_2 + 10x_3 = 14 \end{cases}$$

を Gauss-Seidel 法で解け。

なお，すべての方程式の収束解がこの方法で得られるとはかぎらないため，収束のための十分条件

$$|a_{ii}| > \sum_{j \neq i} |a_{ij}| \quad (i, j = 1, 2, \cdots, n)$$

をプログラム中で判定できるように考慮せよ．

⟨ 例題 2.3 のプログラム例 ⟩─────────── Gauss-Seidel method ───────────
```
#include <stdio.h>
#include <math.h>
#define eps 1.e-5
void main(void)
{
  double a[3][3],b[3],x[3];                   /* (19)式の配列a,b,x    */
  double s,w,anorm,xnorm;
  int i,j,k,n;
  scanf("%d",&n);                             /* 行列aの行数nの入力*/
  for(i=0;i<n;i++){
    for(j=0;j<n;j++){
      scanf("%lf",&a[i][j]);                  /* 行列aの各要素の入力 */
    }
    scanf("%lf",&b[i]);                       /* 行列bの各要素の入力 */
  }
  for(i=0;i<n;i++){                           /* (17)式の右辺の計算   */
    s=0.0;
    for(j=0;j<n;j++){
      if(i==j) continue;
      s+=fabs(a[i][j]);
    }
    if(fabs(a[i][i])<=s){                     /* (17)式の条件判定     */
      printf("ILL CONDITION i=%d\n",i);
      break;
    }
  }
  for(i=0;i<n;i++){                           /* x_iの初期値設定      */
    x[i]=0.0;
  }
  printf("  Iteration     x1           x2           x3\n");
  for(k=1;;k++){                              /* (19)式と(21)式の計算*/
    anorm=0.0;                                /* (21)式の分子         */
    xnorm=0.0;                                /* (21)式の分母         */
    for(i=0;i<n;i++){
      w=b[i];
      for(j=0;j<n;j++){
        if(j==i) continue;
        w -=a[i][j]*x[j];
      }
      w /=a[i][i];
      anorm+=fabs(x[i]-w);                    /* (21)式の分子の計算   */
      xnorm+=fabs(w);                         /* (21)式の分母の計算   */
      x[i]=w;                                 /*  x_i^(k)の値         */
    }
    printf("%6d",k);
    for(i=0;i<n;i++){                         /* 解の収束状況の印刷   */
      printf("     %.4f",x[i]);
    }
    printf("\n");
    if(anorm/xnorm<eps) break;                /* (21)式の収束判定     */
  }
}
```

```
<データ>-------------------------------------------------------------
  3
  10.0  1.0  1.0  12.0
   2.0 10.0  1.0  13.0
   2.0  2.0 10.0  14.0
<計算結果>-----------------------------------------------------------
  Iteration    x1          x2         x3
      1       1.2000      1.0600     0.9480
      2       0.9992      1.0054     0.9991
      3       0.9996      1.0002     1.0001
      4       1.0000      1.0000     1.0000
      5       1.0000      1.0000     1.0000
---------------------------------------------------------------------
```

2.4 逆 行 列

n 次正方行列 A を $[a_{ij}]$,その逆行列 A^{-1} を $[x_{ij}]$ とすると,$AA^{-1}=I$ は

$$\begin{bmatrix} a_{11} & a_{12} & \cdots & a_{1n} \\ a_{21} & a_{22} & \cdots & a_{2n} \\ \vdots & \vdots & & \vdots \\ a_{n1} & a_{n2} & \cdots & a_{nn} \end{bmatrix} \begin{bmatrix} x_{11} & x_{12} & \cdots & x_{1n} \\ x_{21} & x_{22} & \cdots & x_{2n} \\ \vdots & \vdots & & \vdots \\ x_{n1} & x_{n2} & \cdots & x_{nn} \end{bmatrix} = \begin{bmatrix} 1 & 0 & \cdots & 0 \\ 0 & 1 & \cdots & 0 \\ \vdots & \vdots & & \vdots \\ 0 & 0 & \cdots & 1 \end{bmatrix} \tag{22}$$

となり,逆行列 A^{-1} を求めることは,次の n 組の連立1次方程式を同時に解くことと等価になる。

$$A \begin{bmatrix} x_{11} \\ x_{21} \\ \vdots \\ x_{n1} \end{bmatrix} = \begin{bmatrix} 1 \\ 0 \\ \vdots \\ 0 \end{bmatrix}, \quad A \begin{bmatrix} x_{12} \\ x_{22} \\ \vdots \\ x_{n2} \end{bmatrix} = \begin{bmatrix} 0 \\ 1 \\ \vdots \\ 0 \end{bmatrix}, \cdots, A \begin{bmatrix} x_{1n} \\ x_{2n} \\ \vdots \\ x_{nn} \end{bmatrix} = \begin{bmatrix} 0 \\ 0 \\ \vdots \\ 1 \end{bmatrix} \tag{23}$$

したがって,2.1節で述べた Gauss-Jordan 法により逆行列 A^{-1} を求めることができる。まず,行列 $A=[a_{ij}]$ の右に単位行列を並べて,

$$\begin{bmatrix} a_{11} & a_{12} & \cdots & a_{1n} & 1 & 0 & \cdots & 0 \\ a_{21} & a_{22} & \cdots & a_{2n} & 0 & 1 & \cdots & 0 \\ \vdots & \vdots & & \vdots & \vdots & \vdots & & \vdots \\ a_{n1} & a_{n2} & \cdots & a_{nn} & 0 & 0 & \cdots & 1 \end{bmatrix} \tag{24}$$

$$\underbrace{}_{n}$$

という形の A の付加行列をつくる。この付加行列は2.1節の式(8)に対応しており,式(9),(10)を用いて消去を進める。消去の第1段階が終了すると,付加行列は,

$$\begin{bmatrix} 1 & a_{12}^{(1)} & \cdots & a_{1n}^{(1)} & a_{1,n+1}^{(1)} & 0 & \cdots & 0 \\ 0 & a_{22}^{(1)} & \cdots & a_{2n}^{(1)} & a_{2,n+1}^{(1)} & 1 & \cdots & 0 \\ \vdots & \vdots & & \vdots & \vdots & \vdots & & \vdots \\ 0 & a_{n2}^{(1)} & \cdots & a_{nn}^{(1)} & a_{n,n+1}^{(1)} & 0 & \cdots & 1 \end{bmatrix}$$

となり,第$(k-1)$段階の消去が終わると,次のようになる。

$$\begin{bmatrix} 1 & 0 & \cdots & 0 & a_{1,k}^{(k-1)} & \cdots & a_{1,n}^{(k-1)} & a_{1,n+1}^{(k-1)} & \cdots & a_{1,n+k-1}^{(k-1)} & 0 & \cdots & 0 \\ 0 & 1 & \cdots & 0 & a_{2,k}^{(k-1)} & \cdots & a_{2,n}^{(k-1)} & a_{2,n+1}^{(k-1)} & \cdots & a_{2,n+k-1}^{(k-1)} & 0 & \cdots & 0 \\ \vdots & \vdots & & \vdots & \vdots & & \vdots & \vdots & & \vdots & \vdots & & \vdots \\ 0 & 0 & \cdots & 0 & a_{k,k}^{(k-1)} & \cdots & a_{k,n}^{(k-1)} & a_{k,n+1}^{(k-1)} & \cdots & a_{k,n+k-1}^{(k-1)} & 1 & \cdots & 0 \\ \vdots & \vdots & & \vdots & \vdots & & \vdots & \vdots & & \vdots & \vdots & & \vdots \\ 0 & 0 & \cdots & 0 & a_{n,k}^{(k-1)} & \cdots & a_{n,n}^{(k-1)} & a_{n,n+1}^{(k-1)} & \cdots & a_{n,n+k-1}^{(k-1)} & 0 & \cdots & 1 \end{bmatrix}$$

$\underbrace{}_{k-1} \qquad\qquad\qquad\qquad\qquad\qquad \underbrace{}_{n-k+1}$

このような消去を n 回行えば，左側の $n \times n$ の部分が単位行列になり，右側の $n \times n$ の部分に，行列 A の逆行列 A^{-1} が得られる。

ところで，2.1 節で述べたように，軸要素 $a_{kk}^{(k-1)}(k=1,2,\cdots,n)$ の絶対値は大きい方が望ましい。このため，消去の第 k 段階では，$a_{ij}^{(k-1)}(i=k,\cdots,n, j=k,\cdots,n)$ の中から絶対値の最大の要素 $a_{pq}^{(k-1)}$ を捜し，これが軸要素となるように，次の手順で行と列の入替えをする。

① k 行の要素 $a_{kj}^{(k-1)}$ と p 行の要素 $a_{pj}^{(k-1)}$ を入れ替える。

　ただし，$j=k, k+1, \cdots, n+k-1$。なお，$j=n+k, \cdots, 2n$ については入れ替えなくてもよい。

② k 列の要素 $a_{ik}^{(k-1)}$ と q 列の要素 $a_{iq}^{(k-1)}$ を入れ替える。

　ただし，$i=1, 2, \cdots, n$ である。

なお，行と列の入れ替えに関してはそれを覚えておき，n 回目の消去が終了した後，行列要素を正しい位置に並べ替えなければならない。たとえば，k 行と p 行，k 列と q 列を入れ替えたならば，最後に $k+n$ 列と $p+n$ 列，k 行と q 行をそれぞれ入れ替える。

また，$|a_{pq}^{(k-1)}| \leqq \varepsilon$（条件値）ならば，$A$ の行列式 $|A|$ が 0 となり，逆行列は存在しないものとして計算を打ち切る。

例題 2.4 次の行列の逆行列を求めよ。

$$\begin{bmatrix} 1 & 1 & 2 \\ 1 & 2 & 3 \\ 2 & 3 & 1 \end{bmatrix}$$

〈 例題 2.4 のプログラム例 〉────────────── Matrix Inversion ──────────────

```
#include<stdio.h>
#include<math.h>
#define eps 1.e-5
void inv(double *pa, int, int, int *piwork, int *pjwork, int);

void main(void)
{
  double a[3][6];                            /* (24)式のAの付加行列 */
  int iwork[3], jwork[3];                    /* 作業領域 iwork, jwork */
  int i, j, m, n, ILL=0;
  scanf("%d", &n);                           /* 行列Aの行数を入力 */
  for(i=0; i<n; ++i){
    for(j=0; j<n; ++j)
      scanf("%lf", &a[i][j]);                /* 行列Aの各要素を入力 */
  }
```

2 連立1次方程式と逆行列

```
      m=2*n;                                        /* 付加行列の列数 m */
      for(j=n;j<m;++j){
        for(i=0;i<n;++i){
          a[i][j]=0.;
          if(i==j-n) a[i][j]=1.;                    /* 単位行列を付加する */
        }
      }
      inv(a,n,m,iwork,jwork,ILL);                   /* Gauss-Jordan 法で逆行列を求める */
      if(ILL!=1){                                   /* 解が正常かどうかの判定 */
        for(i=0;i<n;++i){
          for(j=n;j<m;++j)
            printf("%9.4f",a[i][j]);                /* 解の出力 */
          printf("\n");
        }
      }
    }
    /*---------------------- Gauss-Jordan 法による逆行列 ----------------------*/
    void inv(double *pa,int n,int m,int *piwork,int *pjwork,int ILL)
    {
      double max,w;
      int i,j,k,iw,jw,p,q;

      for(i=0;i<n;++i){
        *(piwork+i)=i;                              /* 行の入替えを記憶する配列 iwork の初期設定 */
        *(pjwork+i)=i;                              /* 列の入替えを記憶する配列 jwork の初期設定 */
      }
      for(k=0;k<n;++k){                             /* 掃き出しのk段階の指定 */
        max=fabs(*(pa+m*k+k));                      /* 絶対値最大の要素の $a_{pq}$ を求める */
        p=k;
        q=k;
        for(j=k;j<n;++j){
          for(i=k;i<n;++i){
            if(max<fabs(*(pa+m*i+j))){
              max=fabs(*(pa+m*i+j));
              p=i;
              q=j;
            }
          }
        }
        if(max<=eps){                               /* 解が不能の時の処理 */
          ILL=1;
          printf("Matris is ill.\n");
          return;
        }
        for(i=0;i<n;++i){                           /* k列とq列の入替え */
          w=*(pa+m*i+k);
          *(pa+m*i+k)=*(pa+m*i+q);
          *(pa+m*i+q)=w;
        }
        for(j=k;j<n+k;++j){                         /* k行とp行の入替え */
          w=*(pa+m*k+j);
          *(pa+m*k+j)=*(pa+m*p+j);
          *(pa+m*p+j)=w;
        }
        i=*(piwork+k);                              /* 行の入替えの記憶 */
        *(piwork+k)=*(piwork+p);
        *(piwork+p)=i;
        j=*(pjwork+k);                              /* 列の入替えの記憶 */
        *(pjwork+k)=*(pjwork+q);
        *(pjwork+q)=j;
        for(j=k+1;j<m;++j)                          /* 式(9)による $a_{kj}^{(k)}$ の計算 */
          *(pa+m*k+j)/=*(pa+m*k+k);
```

```
        for(i=0;i<n;++i){                          /* 式(10)によるa_ij^(k)の計算 */
          if(i!=k){
            for(j=k+1;j<m;++j)
              *(pa+m*i+j)=*(pa+m*i+j)-*(pa+m*i+k)*(*(pa+m*k+j));
          }
        }
      }
      for(j=n;j<m;++j){                            /* 列の入替えに基づく解の並べ替え */
        for(i=0;i<n;++i){
          iw=*(pjwork+i);
          *(pa+m*iw+n-1)=*(pa+m*i+j);
        }
        for(i=0;i<n;++i)
          *(pa+m*i+j)=*(pa+m*i+n-1);
      }

      for(i=0;i<n;++i){                            /* 行の入替えに基づく解の並べ替え */
        for(j=n;j<m;++j){
          jw=*(piwork+j-n);
          *(pa+m*(n-1)+jw)=*(pa+m*i+j);
        }

        for(j=n;j<m;++j)
          *(pa+m*i+j)=*(pa+m*(n-1)+j-n);
      }
      return;
    }
```

< データ >--
3
1.0 1.0 2.0
1.0 2.0 3.0
2.0 3.0 1.0
< 計算結果 >--
   1.7500   -1.2500   0.2500
  -1.2500   0.7500   0.2500
   0.2500   0.2500   -0.2500

演習問題

1. 次に示す連立1次方程式をGauss-Jordan法を用いて解け。

   (1) $\begin{cases} x_1 + 2x_2 + 3x_3 = 6 \\ 3x_1 + 10x_2 - 4x_3 = -29 \\ -2x_1 - 4x_2 + x_3 = 9 \end{cases}$　　　　　　　　（答）$x_1=1, x_2=-2, x_3=3$

   (2) $\begin{cases} 3x_1 + x_2 + x_3 = 10 \\ x_1 + 5x_2 + 2x_3 = 21 \\ x_1 + 2x_2 + 5x_3 = 30 \end{cases}$　　　　　　　　（答）$x_1=1, x_2=2, x_3=5$

   (3) $\begin{cases} x_1 + x_2 + x_3 + x_4 = 10 \\ 2x_1 + x_2 + 3x_3 + 2x_4 = 21 \\ x_1 + 3x_2 + 2x_3 + x_4 = 17 \\ 3x_1 + 2x_2 + x_3 + x_4 = 14 \end{cases}$　　　　　　　　（答）$x_1=1, x_2=2, x_3=3, x_4=4$

   (4) $\begin{cases} x_2 + x_3 + x_4 = 5 \\ x_1 + x_3 + x_4 = 4 \\ x_1 + x_2 + x_4 = 6 \\ x_1 + x_2 + x_3 = 6 \end{cases}$　　　　　　　　（答）$x_1=2, x_2=3, x_3=1, x_4=1$

2 連立1次方程式と逆行列

(5) $\begin{cases} x_1 + 2x_2 + 3x_3 = c_1 \\ 3x_1 + 10x_2 - 4x_3 = c_2 \\ -2x_1 - 4x_2 + x_3 = c_3 \end{cases}$

ただし，c_i は次の表のような組になっている。

	1	2	3
c_1	6	6	14
c_2	−29	9	11
c_3	9	−5	−7

（答）

	1	2	3
x_1	1	1	1
x_2	−2	1	2
x_3	3	1	3

2. 次に示す連立1次方程式を Thomas 法を用いて解け。

$\begin{cases} -2x_1 + x_2 = 1 \\ x_1 - 2x_2 + x_3 = 2 \\ x_2 - 2x_3 + x_4 = 3 \\ x_3 - 2x_4 + x_5 = 4 \\ x_4 - 2x_5 = 5 \end{cases}$ （答）$\begin{cases} x_1 = -5.8333 \\ x_2 = -10.6667 \\ x_3 = -13.5 \\ x_4 = -13.3334 \\ x_5 = -9.1667 \end{cases}$

3. 次に示す連立1次方程式を Gauss-Seidel 法を用いて解け。

(1) $\begin{cases} 10x_1 + x_2 + 2x_3 = 23 \\ -2x_1 + 5x_2 + 2x_3 = 23 \\ 5x_1 - 10x_2 + 20x_3 = 75 \end{cases}$ （答）$x_1 = 1, \ x_2 = 3, \ x_3 = 5$

(2) $\begin{cases} 3x_1 + x_2 + x_3 = 10 \\ x_1 + 5x_2 + 2x_3 = 21 \\ x_1 + 2x_2 + 5x_3 = 30 \end{cases}$ （答）$x_1 = 1, \ x_2 = 2, \ x_3 = 5$

(3) $\begin{cases} 10x_1 - 2x_2 + 2x_3 = 26 \\ x_1 - 10x_2 - 3x_3 = -72 \\ -3x_1 + 5x_2 + 10x_3 = 99 \end{cases}$ （答）$x_1 = 2, \ x_2 = 5, \ x_3 = 8$

(4) $\begin{cases} 15x_1 + 2x_2 + 3x_3 + 4x_4 + 5x_5 = 20 \\ x_1 + 10x_2 + x_3 + 3x_4 = 15 \\ 3x_1 + 2x_2 + 10x_3 + 4x_5 = 12 \\ 3x_2 + 5x_3 + 15x_4 + x_5 = 10 \\ x_1 + x_2 + x_3 + x_4 + 5x_5 = 14 \end{cases}$ （答）$\begin{cases} x_1 = 0.2905 \\ x_2 = 1.4039 \\ x_3 = -0.1421 \\ x_4 = 0.2709 \\ x_5 = 2.4354 \end{cases}$

4. 次に示す行列の逆行列を求めよ。

(1) $\begin{bmatrix} 2 & 1 & 5 \\ 1 & 3 & 0 \\ 0 & 2 & -1 \end{bmatrix}$ （答）$\begin{bmatrix} -0.6 & 2.2 & -3 \\ 0.2 & -0.4 & 1 \\ 0.4 & -0.8 & 1 \end{bmatrix}$

(2) $\begin{bmatrix} 0 & 0 & 1 \\ 0 & 1 & 0 \\ 1 & 0 & 0 \end{bmatrix}$ （答）$\begin{bmatrix} 0 & 0 & 1 \\ 0 & 1 & 0 \\ 1 & 0 & 0 \end{bmatrix}$

(3) $\begin{bmatrix} 4 & 0 & 5 \\ 0 & 1 & -6 \\ 3 & 0 & 4 \end{bmatrix}$ （答）$\begin{bmatrix} 4 & 0 & -5 \\ -18 & 1 & 24 \\ -3 & 0 & 4 \end{bmatrix}$

(4) $\begin{bmatrix} 2 & 5 & 8 \\ 5 & 16 & 28 \\ 8 & 28 & 54 \end{bmatrix}$ （答）$\begin{bmatrix} 3.0769 & -1.7692 & 0.4615 \\ -1.7692 & 1.6923 & -0.6154 \\ 0.4615 & -0.6154 & 0.2692 \end{bmatrix}$

(5) $\begin{bmatrix} 1 & 2 & -1 & 3 \\ 3 & 1 & 3 & 5 \\ 2 & -5 & 0 & 4 \\ 0 & -1 & 2 & 1 \end{bmatrix}$ （答）$\begin{bmatrix} -0.55 & 0.47 & 0.07 & -0.98 \\ 0.1 & 0.06 & -0.14 & -0.04 \\ -0.15 & 0.11 & -0.09 & 0.26 \\ 0.4 & -0.16 & 0.04 & 0.44 \end{bmatrix}$

3

最小2乗近似

一組の変量(x, y)について，n個の観測点(x_i, y_i) $(i=1, 2, \cdots, n)$があるとき，これらの観測点を最もよく近似すると思われる関数$y(x)$を作ることを考える。本章では代表的なものとして，

① 線形最小2乗法（未定係数が線形の場合）
② 直接探索法（未定係数が非線形の場合）
③ 線形最小2乗法と直接探索法の併用

の3つの方法について述べる。

3.1 線形最小2乗法

n個の観測点(x_i, y_i) $(i=1, 2, \cdots, n)$をm次$(m<n)$の多項式

$$y(x) = a_0 + a_1 x + a_2 x^2 + \cdots + a_m x^m \tag{1}$$

で近似（curve fitting）することを考える。

式(1)と観測値y_iとの差（残差）をe_iとすると

$$e_i = y_i - y(x_i) = y_i - \sum_{j=0}^{m} a_j x_i^j \tag{2}$$

となる。ここで残差の2乗和をfとすると，

$$f = \sum_{i=1}^{n} e_i^2 = \sum_{i=1}^{n} \left\{ y_i - \sum_{j=0}^{m} a_j x_i^j \right\}^2 \tag{3}$$

となる。fを最小化するような$a_0, a_1, \cdots, a_m$を決定する。

式(3)をa_kについて偏微分すると，

$$\frac{\partial f}{\partial a_k} = -2 \sum_{i=1}^{n} \left[\left\{ y_i - \sum_{j=0}^{m} a_j x_i^j \right\} x_i^k \right] = 0 \quad (k=0, 1, \cdots, m) \tag{4}$$

すなわち，

$$\sum_{i=1}^{n} y_i x_i^k = a_0 \sum_{i=1}^{n} x_i^k + a_1 \sum_{i=1}^{n} x_i^{k+1} + \cdots + a_m \sum_{i=1}^{n} x_i^{k+m} \tag{5}$$

である。ここで，

$$\sum_{i=1}^{n} y_i x_i^k = T_k \qquad \sum_{i=1}^{n} x_i^k = S_k$$

とおけば，式(5)は

$$\sum_{j=0}^{m} a_j S_{k+j} = T_k \quad (k=0, 1, \cdots, m) \tag{6}$$

となる。これが正規方程式といわれるもので，次のような連立1次方程式である。

$$\begin{bmatrix} S_0 & S_1 & S_2 & \cdots & S_m \\ S_1 & S_2 & S_3 & \cdots & S_{m+1} \\ \vdots & \vdots & \vdots & & \vdots \\ S_m & S_{m+1} & S_{m+2} & \cdots & S_{2m} \end{bmatrix} \begin{bmatrix} a_0 \\ a_1 \\ \vdots \\ a_m \end{bmatrix} = \begin{bmatrix} T_0 \\ T_1 \\ \vdots \\ T_m \end{bmatrix}$$

この連立1次方程式を第2章で述べた方法によって解けば，未定係数 $a_k (k=0, 1, \cdots, m)$ が求められる。

3.2 直接探索法

直接探索法(direct search of optimization, 略して DSO 法)は簡単にいえば，"すりばちのような容器の中へ石をころがして，その静止する位置を求める"方法である。

n 個の観測点 $(x_i, y_i)(i=1, 2, \cdots, n)$ を最もよく表していると思われる関数 $y(x)$ に含まれる未定係数 $a_0, a_1, \cdots, a_m$ が線形関係にない場合に主として用いられる。

いま，関数 $y(x)$ に含まれる $m+1$ 個の未定係数 $a_0, a_1, \cdots, a_m$ に初期値を与え，観測値 y_i と関数値 $y(x_i)$ との残差 e_i の2乗和を，

$$f_0(a_0, a_1, \cdots, a_m) = \sum_{i=1}^{n} e_i^2 = \sum_{i=1}^{n} \{y_i - y(x_i)\}^2 \tag{7}$$

とする。そして，係数 a_j の変化のきざみ幅を Δa_j とする。$a_j(j=0, 1, \cdots, m, j \neq k)$ の値を固定し，a_k を $\pm \Delta a_k$ だけ移動したときの式(7)の値をそれぞれ，図3.1に示したように f_+, f_- で表すことにする。このとき，

① $f_+ < f_0 < f_-$ ならば
　　　　a_k は $+\Delta a_k$ だけ移動させる。
② $f_+ > f_0 > f_-$ ならば
　　　　a_k は $-\Delta a_k$ だけ移動させる。
③ $f_+ \geq f_0 \leq f_-$ ならば
　　　　a_k はそのまま静止する。

上記の操作を $k=0$ から順番に $k=m$ まで，周期的に繰り返し，すべての a_k が③の状態になるまで行う。そして，Δa_k の値をさらに小さく(たとえば，1/10に)して，同様に行えば精度をさらに向上させることができる。

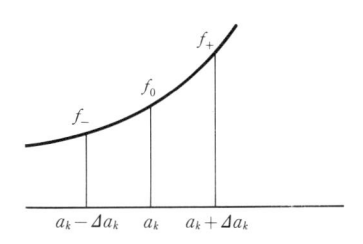

図 3.1 直接探索法

次に，この計算法の能率向上について考えてみよう．ある a_k について，いつも f_+ および f_- の両方の値を求める必要はなく，$f_+ < f_0$ ならば f_- の計算を省略して a_k を $+\Delta a_k$ だけ移動させ，次の計算に移る．また同様に $f_- < f_0$ ならば f_+ の計算を省略して a_k を $-\Delta a_k$ だけ移動させ，次のステップに移る．この場合，正の方向と負の方向のどちらを先に調べるかによって，計算の能率は相当違ってくるであろう．そこで，1サイクル前に a_k はどちらの方向に移動したかを δ_k として記憶しておき，前と同じ方向に進む確率が高いことを利用することが考えられる．

この方法は，おわんのように斜面に凹凸がなく単調な場合に特に有効な方法であるが，くぼみがある場合でも，底に到達する過程で簡単にくぼみを回避することができればよい．工学上の諸問題は単調なケースが多く，利用できる機会が多いであろう．また，底面が平面に近い状態になっていて，どの斜面に添って降りるかによって，言いかえれば初期値によって答が異なる場合があるが，その場合にはいずれの答も残差の2乗和を最小にする最適値である．

3.3 線形最小2乗法と直接探索法の併用

n 個の観測点 (x_i, y_i) $(i=1, 2, \cdots, n)$ を近似しようとする関数 $y(x)$ に含まれる未定係数 $a_0, a_1, \cdots, a_m$ に，線形関係のものと非線形関係のものが混在している場合について述べる．

考え方として，線形関係の未定係数は線形最小2乗法で求め，非線形関係のものは直接探索法で求める方法である．

まず，非線形関係にあるすべての未定係数に初期値を与え，線形関係にある未定係数を線形最小2乗法で求める．そして，式(7)から f_0 を求める．次に，非線形の未定係数のうちの1つを Δa だけ移動させ，再び線形関係にある未定係数を線形最小2乗法で求め，そして式(7)から f_+ あるいは f_- を求める．つまり，前節で述べた直接探索法で非線形関係にある未定係数を決定する計算過程の内部処理として，線形関係にある未定係数を線形最小2乗法で決める手段を包含する方法である．計算手順の詳細は，次の例題3.1で示す．

例題 3.1 次表のデータを $y(x) = b_0 + b_1 \log x + b_2 (\log x)^a$ で近似することを考え，最小2乗近似によって係数 b_0, b_1, b_2, a を求めよ．

x	1	4	10	40	100	400	1000
y	0.075	0.240	0.360	0.520	0.610	0.720	0.775

【例題3.1のプログラミングの指針】 式(7)は次のようになる．

$$f_0(a) = \sum_{i=1}^{n} [y_i - \{b_0 + b_1 \log x_i + b_2 (\log x_i)^a\}]^2 \qquad (8)$$

式(8)を b_k $(k=0, 1, 2)$ で偏微分し，$\partial f_0 / \partial b_k = 0$ とすると，b_0, b_1, b_2 を決めるための連立1次方程式が次のように得られる．

3 最小2乗近似

$$\begin{bmatrix} n & \sum_{i=1}^{n} \log x_i & \sum_{i=1}^{n} (\log x_i)^a \\ \sum_{i=1}^{n} \log x_i & \sum_{i=1}^{n} (\log x_i)^2 & \sum_{i=1}^{n} (\log x_i)^{a+1} \\ \sum_{i=1}^{n} (\log x_i)^a & \sum_{i=1}^{n} (\log x_i)^{a+1} & \sum_{i=1}^{n} (\log x_i)^{2a} \end{bmatrix} \begin{bmatrix} b_0 \\ b_1 \\ b_2 \end{bmatrix} = \begin{bmatrix} \sum_{i=1}^{n} y_i \\ \sum_{i=1}^{n} y_i \log x_i \\ \sum_{i=1}^{n} y_i (\log x_i)^a \end{bmatrix} \quad (9)$$

〈 例題 3.1 のプログラム例 〉---------- Least-Square method & DSO method ----------------------

```
#include<stdio.h>
#include<math.h>
#define eps 1.e-5
void sweep(double *,double *,int,int,int *,int);
void DSO(double *,double *,int *,double *,double *,int,int);
void FUN(double *,double *,double *,int,double *,int *);

void main(void)
{
  double a[1],da[1],x[7],y[7];                      /* 配列 a_i, △a_i, x_i, y_i   */
  int i,n,delta[1];                                 /* 移動方向の配列 δ_k         */
  scanf("%d",&n);                                   /* データ数 n を入力           */
  for(i=0;i<n;++i) scanf("%lf %lf",&x[i],&y[i]);    /* x_i と y_i を入力          */
  scanf("%lf %lf",&a[0],&da[0]);                    /* 初期値 a_i と △a_i を入力  */
  printf("Iteration      b(1)         b(2)        b(3)         a        f\n");
  DSO(a,da,delta,x,y,1,n);                          /* 直接探索法へ               */
}
/* ------------------------- DSO 法 ---------------------------------------- */
void DSO(double *pa,double *pda,int *pdelta,double *px,double *py,int m,int n)
{
  double ak,akp,akm,f0,fp,fm;
  int k,j,iteration=0;
  for(k=0;k<m;++k) {
    *(pdelta+k)=1;                                  /* 移動方向 δ_k をすべて+と初期設定 */
  }
  FUN(pa,px,py,n,&f0,&iteration);                   /* f_0 の計算                */
  do{
    j=0;                                            /* f_+≧f_0≦f_- の状態となる回数カウンタ */
    for(k=0;k<m;++k) {                              /* a_k (k=0〜m)              */
      ak=*(pa+k);                                   /* a_k                       */
      akp=*(pa+k)+*(pda+k);                         /* a_k+△a_k                 */
      akm=*(pa+k)-*(pda+k);                         /* a_k-△a_k                 */
      if(*(pdelta+k)==1) {                          /* δ_k が+の場合             */
        *(pa+k)=akp;
        FUN(pa,px,py,n,&fp,&iteration);             /* f_+ の計算                */
        if(f0>fp) {                                 /* f_0>f_+ の場合            */
          *(pdelta+k)=1;
          f0=fp;
          break;
        }
        else{                                       /* f_- の探索                */
          *(pa+k)=akm;
          FUN(pa,px,py,n,&fm,&iteration);           /* f_- の計算                */
          if(f0>fm) {                               /* f_0>f_- の場合            */
            *(pdelta+k)=-1;
            f0=fm;
            break;
          }
          else{                                     /* f_+≧f_0≦f_- の場合       */
```

```
                    j++;
                    *(pa+k)=ak;
                }
            }
        }
        else{                                           /* δ_k が-の場合         */
            *(pa+k)=akm;
            FUN(pa,px,py,n,&fm,&iteration);              /* f_の計算            */
            if(f0>fm){                                   /* f0>f_の場合         */
                *(pdelta+k)=-1;
                f0=fm;
                break;
            }
            else{                                       /* f+の探索            */
                *(pa+k)=akp;
                FUN(pa,px,py,n,&fp,&iteration);          /* f+の計算            */
                if(f0>fp){                               /* f0>f+の場合         */
                    *(pdelta+k)=1;
                    f0=fp;
                    break;
                }
                else{                                   /* f+≧f0≦f_の場合 */
                    j++;
                    *(pa+k)=ak;
                }
            }
        }
    }while(j!=m);                                        /* j=m の時, DSO の終了*/
    printf("*** SOLVED ***\n");
    FUN(pa,px,py,n,&f0,&iteration);                      /* f0の再計算          */
    return;
}
/* --------------------- Function for sum of square errors ----------------------- */
void FUN(double *pa,double *px,double *py,int n,double *pf,int *pi)
{
    double b[3],c[3][4],iwork[3],t[3],yi;  /* 式(9)の連立1次方程式を解くための配列c*/
                                           /* 式(9)のb, 作業領域 iwork, t        */
    int i,ILL;
    c[0][0]=n;                                           /* 配列 c の各要素の初期値 */
    c[0][1]=0.;
    c[0][2]=0.;
    c[0][3]=0.;
    c[1][1]=0.;
    c[1][2]=0.;
    c[1][3]=0.;
    c[2][2]=0.;
    c[2][3]=0.;
    for(i=0;i<n;i++){                                    /* 配列 c の各要素の計算  */
        c[0][1]+=log10(*(px+i));
        c[1][1]+=log10(*(px+i))*log10(*(px+i));
        c[0][2]+=pow(log10(*(px+i)),*(pa+0));
        c[1][2]+=pow(log10(*(px+i)),*(pa+0)+1.);
        c[2][2]+=pow(log10(*(px+i)),2.**(pa+0));
        c[0][3]+=*(py+i);
        c[1][3]+=*(py+i)*log10(*(px+i));
        c[2][3]+=*(py+i)*pow(log10(*(px+i)),*(pa+0));
    }
    c[1][0]=c[0][1];                                     /* 配列 c の中の対象要素  */
    c[2][0]=c[0][2];
    c[2][1]=c[1][2];
```

3 最小2乗近似

```c
      sweep(c,t,3,4,iwork,ILL);                           /* Gauss-Jordan 法へ */
      for(i=0;i<3;++i){
        b[i]=c[i][3];                                     /* 式(9)のbの解      */
      }
      *pf=0.;
      for(i=0;i<n;++i){                                   /* 式(8)の計算       */
        yi=b[0]+b[1]*log10(*(px+i))+b[2]*pow(log10(*(px+i)),*(pa+0));
        *pf+=(*(py+i)-yi)*(*(py+i)-yi);
      }
      printf("%6d    %12.3e%12.3e%12.3e%7.2f%11.2e\n",
             *pi,b[0],b[1],b[2],*(pa+0),*pf);             /* 解の収束状況の印刷 */
      ++*pi;
      return;
    }
    /* -------------------- Gauss-Jordan method (例 2.1 と同じもの) -------------------- */
    void sweep(double *pa,double *pt,int n,int m,int *piwork,int ILL)
    {
      double max,w;
      int i,j,k,iw,p,q;

      for(i=0;i<n;++i){
        max=fabs(*(pa+m*i));
        for(j=0;j<n;++j){
          if(max<fabs(*(pa+m*i+j))) max=fabs(*(pa+m*i+j));
        }
        for(j=0;j<m;++j) *(pa+m*i+j)=*(pa+m*i+j)/max;
      }
      for(j=0;j<n;++j){
        max=fabs(*(pa+j));
        for(i=0;i<n;++i){
          if(max<fabs(*(pa+m*i+j))) max=fabs(*(pa+m*i+j));
        }
        *(pt+j)=max;
        for(i=0;i<n;++i) *(pa+m*i+j)=*(pa+m*i+j)/max;
      }
      for(i=0;i<n;++i){
        *(piwork+i)=i;
      }
      for(k=0;k<n;++k){
        max=fabs(*(pa+m*k+k));
        p=k;
        q=k;
        for(j=k;j<n;++j){
          for(i=k;i<n;++i){
            if(max<fabs(*(pa+m*i+j))){
              max=fabs(*(pa+m*i+j));
              p=i;
              q=j;
            }
          }
        }
        if(max<=eps){
          ILL=1;
          printf("MATRIX IS ILL\n");
          return;
        }
        for(i=0;i<n;++i){
          w=*(pa+m*i+k);
          *(pa+m*i+k)=*(pa+m*i+q);
          *(pa+m*i+q)=w;
        }
```

```
            for(j=k;j<m;++j){
              w=*(pa+m*k+j);
              *(pa+m*k+j)=*(pa+m*p+j);
              *(pa+m*p+j)=w;
            }
            i=*(piwork+k);
            *(piwork+k)=*(piwork+q);
            *(piwork+q)=i;
            for(j=k+1;j<m;++j){
              *(pa+m*k+j)=*(pa+m*k+j)/(*(pa+m*k+k));
            }
            for(i=0;i<n;++i){
              if(i!=k){
                for(j=k+1;j<m;++j){
                  *(pa+m*i+j)=*(pa+m*i+j)-*(pa+m*i+k)*(*(pa+m*k+j));
                }
              }
            }
          }
          for(j=n;j<m;++j){
            for(i=0;i<n;++i){
              iw=*(piwork+i);
              *(pa+m*iw+n-1)=*(pa+m*i+j);
            }
            for(i=0;i<n;++i){
              *(pa+m*i+j)=*(pa+m*i+n-1)/(*(pt+i));
            }
          }
          return;
        }
```

〈 データ 〉--
```
       7
       1.  0.075
       4.  0.240
      10.  0.360
      40.  0.520
     100.  0.610
     400.  0.720
    1000.  0.775
       4.  0.1
```
〈 計算結果 〉--
```
    Iteration       b(1)         b(2)         b(3)         a         f
        0        7.458e-02    2.833e-01   -1.880e-03    4.00    9.56e-05
        1        7.492e-02    2.824e-01   -1.661e-03    4.10    1.05e-04
        2        7.423e-02    2.842e-01   -2.130e-03    3.90    8.77e-05
        3        7.388e-02    2.852e-01   -2.415e-03    3.80    8.10e-05
        4        7.351e-02    2.863e-01   -2.739e-03    3.70    7.56e-05
        5        7.314e-02    2.874e-01   -3.110e-03    3.60    7.16e-05
        6        7.276e-02    2.886e-01   -3.534e-03    3.50    6.92e-05
        7        7.237e-02    2.899e-01   -4.020e-03    3.40    6.85e-05
        8        7.197e-02    2.913e-01   -4.578e-03    3.30    6.97e-05
        9        7.276e-02    2.886e-01   -3.534e-03    3.50    6.92e-05
   *** SOLVED ***
       10        7.237e-02    2.899e-01   -4.020e-03    3.40    6.85e-05
```
----

3 最小2乗近似

演習問題

1. 次表のデータを用いて，次の多項式の係数 a, b, c, d を最小2乗法で求めよ。
$$y(x) = a + bx + cx^2 + dx^3$$

x	0.0	0.1	0.2	0.3	0.4	0.5	0.6	0.7	0.8	0.9	1.0
y	0.0	0.1002	0.2013	0.3045	0.4108	0.5211	0.6367	0.7586	0.8881	1.0265	1.1752

（答）　$y(x) = -0.0001 + 1.0044x - 0.0197x^2 + 0.1904x^3$

2. 次表のデータを用いて，$y(x) = ae^{bx}$ の係数 a, b を求めよ。

x	0.1	0.2	0.3	0.4	0.5
y	1.228	1.005	0.823	0.674	0.552

（答）　$y(x) = 1.5e^{-2x}$

3. 次表のデータを用いて，次の多項式の係数 a, b, c を求めよ。
$$y(x) = a + bx + cx^2$$

x	0	100	200	300	400	500	600	700	800	900	1000
y	8.24	9.40	10.70	12.15	13.40	14.60	15.65	16.60	17.40	18.23	18.93

（答）　$y(x) = 8.056 + 0.015x - 4.05 \times 10^{-6} x^2$

4. 次表のデータを用いて，次の関係式の係数 a, b を求めよ。
$$y(x) = a \cdot 10^{-b/(x+273)}$$

x	0	10	20	30	40	50	60	70	80	90	100
y	0.1803	0.3626	0.6903	1.2527	2.1775	3.6420	5.8812	9.200	13.983	20.703	29.922

（答）　$y(x) = 3.5164 \times 10^7 \times 10^{-2.2591 \times 10^3/(x+273)}$

5. 次表のデータを用いて，次の関係式の係数を求めよ。
$$y(x) = a + b \log x - 10^{(c + d \log x)}$$

x	1	4	10	40	100	400	1000
y	0.075	0.240	0.360	0.520	0.610	0.720	0.775

（答）　$a = 0.0903$　$b = 0.3124$　$c = -1.7351$　$d = 0.38$
（ただし，d の初期値を 0.65，Δd を 0.01 とした場合）

6. 次表のデータに次の3次式をあてはめよ。
$$y(x) = a + bx + cx^2 + dx^3$$

x	-4	-2	-1	0	1	3	4	6
y	-35.1	15.1	15.9	8.9	0.1	0.1	21.1	135

（答）　$y(x) = 9.011 - 8.966x - x^2 + 0.999x^3$

7. 次表のデータに次の2次式をあてはめよ。
$$y(x) = a + bx + cx^2$$

x	0	1	2	3
y	1.00000	2.71828	7.38906	20.08554

（答）　$y(x) = 1.25366 - 2.04091x + 2.74455x^2$

8. 区間 $[0, 1]$ で関数 $y(x) = \sqrt{x^3}$ を次式によって近似せよ。
$$y(x) = ax^2 + bx + c$$

（答）　$y(x) = 0.5714x^2 + 0.4571x - 0.0190$

9. 関数 $f(x) = \dfrac{1}{24} x(x^2-1)(x-2)$ を区間 $[0, 1]$ で次式で近似するように a を求めよ。
$$y(x) = \frac{1}{2} ax(x-1)$$
（答）　$a = -0.1845$

4

補間法

補間法とは，$n+1$ 個の分点 $x_k(k=0,1,\cdots,n)$ に対する関数値 y_k が与えられたとき，これらの点以外の x の値に対する $y(=f(x))$ の値を求める算法である。

離散データの内挿や外挿を行う場合や，物理的工学モデルや社会ダイナミックスのようなシステム各部の非線形特性が解析的には与えられない問題を計算機によりシミュレーション(模擬)する場合などに，補間法が重要となる。本章では，補間法の代表的なものとして，

① Lagrange の補間法
② Aitken の補間法
③ Newton の補間法

の 3 つの手法について述べる。

4.1 Lagrange の補間法

$n+1$ 個の独立変数 $x_i(i=0,1,\cdots,n)$ に対して，未知関数 $f(x)$ が $y_i(i=0,1,\cdots,n)$ という値であるとする。このとき，$n+1$ 個の点 $(x_i, y_i)(i=0,1,\cdots,n)$ のすべてを通る n 次多項式

$$P_n(x) = a_0 x^n + a_1 x^{n-1} + \cdots + a_{n-1} x + a_n \tag{1}$$

を決定し，離散的に与えられた点 x_i 以外における $f(x)$ の値を近似しようというのが Lagrange の補間法である。$P_n(x)$ は，次の Lagrange の補間多項式によって与えられる。

$$P_n(x) = \sum_{i=0}^{n} y_i \frac{(x-x_0)(x-x_1)\cdots(x-x_{i-1})(x-x_{i+1})\cdots(x-x_n)}{(x_i-x_0)(x_i-x_1)\cdots(x_i-x_{i-1})(x_i-x_{i+1})\cdots(x_i-x_n)} \tag{2}$$

ここで，

$$L_i(x) = \prod_{k=0,\neq i}^{n}(x-x_k)/(x_i-x_k) \tag{3}$$

とおけば，式(2)の Lagrange の補間多項式は

$$P_n(x) = \sum_{i=0}^{n} y_i L_i(x) \tag{4}$$

となり，ある任意の点 x に対する関数値として，

$$y = f(x) \simeq P_n(x) \tag{5}$$

が得られる。

4 補間法

Lagrangeの補間法は，プログラミングがきわめて簡単に行えるが，補間点(x_{n+1}, y_{n+1})を新たに加える場合には，式(4)の多項式を再び計算しなければならない。

例題 4.1 $x=0°, 10°, 20°, 30°, \cdots, 90°$の$\sin x$の値が与えられたとき，Lagrangeの補間法によって$\sin 45°$の値を計算せよ。

〈 例題 4.1 のプログラム例 〉----------------- Lagrange Interpolation method ---------------------
```c
#include <stdio.h>
#include <math.h>
#define deg 3.14159/180.           /* 度からラジアンへの変換係数の定義 */
void main(void)
{
  double x[10],y[10],Li,Pn,xx,ytrue;          /* 式(2)のxとy */
  int i,j;
  for(i=0;i<10;i++){
    x[i]=i*10*deg;                            /* x_iの計算    */
    y[i]=sin(x[i]);                           /* y_iの計算    */
  }
  xx=45.*deg;                                 /* x=45°におけるyの真値 */
  ytrue=sin(xx);
  Pn=0.;                                      /* 式(4)のP_n(x)の初期値 */
  for(i=0;i<10;i++){
    Li=1.;                                    /* 式(3)のL_i(x)の初期値 */
    for(j=0;j<10;j++){
      if(i!=j) Li *=(xx-x[j])/(x[i]-x[j]);    /* 式(3)の計算 */
    }
    Pn +=y[i]*Li;                             /* 式(4)の計算 */
  }
  printf(" 45 DEG.=%7.4f RAD.   HOKAN-CHI=%7.4f   SHIN-CHI=%7.4f\n",xx,Pn,ytrue);
}
```
〈 計算結果 〉--
 45 DEG.= 0.7854 RAD.   HOKAN-CHI= 0.7071   SHIN-CHI= 0.7071

4.2 Aitkenの補間法

Lagrangeの補間法が一挙にn次の多項式を求めるのに対して，Aitkenの方法は，1次式による補間(1次補間)を反復使用して徐々にn次の多項式を求める方法である。

まず，点(x_0, y_0)と(x_1, y_1)の間の補間は，

$$f(x \mid x_0, x_1) = \frac{1}{x_1 - x_0} \begin{vmatrix} y_0 & (x_0 - x) \\ y_1 & (x_1 - x) \end{vmatrix} \tag{6}$$

となる。またさらに，点(x_0, y_0)と(x_2, y_2)の間の補間は，

$$f(x \mid x_0, x_2) = \frac{1}{x_2 - x_0} \begin{vmatrix} y_0 & (x_0 - x) \\ y_2 & (x_2 - x) \end{vmatrix} \tag{7}$$

となる。次に，点$(x_1, f(x \mid x_0, x_1))$と$(x_2, f(x \mid x_0, x_2))$の間の補間は，

$$f(x \mid x_0, x_1, x_2) = \frac{1}{x_2 - x_1} \begin{vmatrix} f(x \mid x_0, x_1) & (x_1 - x) \\ f(x \mid x_0, x_2) & (x_2 - x) \end{vmatrix} \tag{8}$$

となる。

式(6)，(7)からわかるように，式(8)は，3点(x_0, y_0)，(x_1, y_1)，(x_2, y_2)を通る2次の補間多項式になっている。同様にして，

$$f(x\,|\,x_0, x_1, x_2, x_3) = \frac{1}{x_3 - x_2} \begin{vmatrix} f(x\,|\,x_0, x_1, x_2) & (x_2 - x) \\ f(x\,|\,x_0, x_1, x_3) & (x_3 - x) \end{vmatrix} \tag{9}$$

は，x_0, x_1, x_2, x_3 の4点補間を与える3次の多項式である．

一例として，$x_0, \cdots, x_4$ の補間を図式的に示せば，

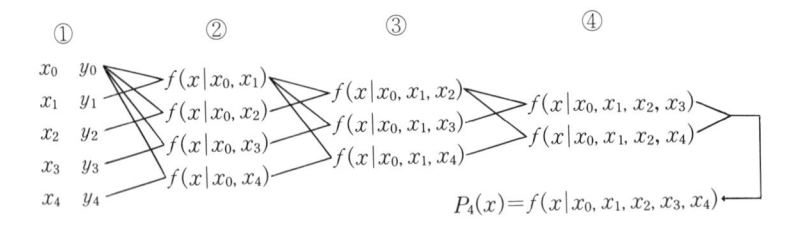

この方法を n 個の x_i について行えば $P_n(x)$ が求められる．このような反復線形補間の長所は，補間多項式が P_1, P_2, P_3, $\cdots$ と徐々に求められるので，$P_i(x)$ と $P_{i+1}(x)$ の値を比較して，その差が前もって定めた誤差範囲より小さくなれば，計算を打ち切れることと，新たに補間点 (x_{n+1}, y_{n+1}) を付加して次数を上げていくことが容易なことである．しかしながら異なる x の値に対しては再計算を必要とする．

例題 4.2 $x = 0°, 10°, 20°, 30°, \cdots, 90°$ の $\sin x$ の値が与えられたとき，Aitken の方法によって $\sin 45°$ の値を計算せよ．

```
< 例題 4.2 のプログラム例 >-------------- Aitkin Interpolation method --------------------------
#include <stdio.h>
#include <math.h>
#define MIN(a,b) ((a<b) ? a : b)
#define eps 1.e-6                            /* 収束判定のための ε の値の定義      */
#define deg 3.14159/180.                     /* 度からラジアンへの変換係数の定義 */
void main(void)
{
  double x[10],y[10],f[9][9],xx,ytrue,Pn;    /* x_i, y_i, f(x|x_0,…,x_j)         */
  int i,j,k,L,m;
  for(i=0;i<10;i++){
    x[i]=i*10*deg;                           /* x_i の計算                        */
    y[i]=sin(x[i]);                          /* y_i の計算                        */
  }
  xx=45.*deg;                                /* x=45° における y の真値           */
  ytrue=sin(xx);
  for(j=0;j<9;j++){                          /* f(x|x_0,x_j) の計算               */
    f[0][j]=(y[0]*(x[j+1]-xx)-y[j+1]*(x[0]-xx))/(x[j+1]-x[0]);
  }
  for(i=1;i<9;i++){
    for(j=i;j<9;j++){                        /* f(x|x_0,…,x_j) の計算            */
      f[i][j]=(f[i-1][i-1]*(x[j+1]-xx)-f[i-1][j]*(x[i]-xx))/(x[j+1]-x[i]);
    }
    if(fabs(f[i-1][i-1]-f[i][i])<eps)        /* P_i(x) と P_{i+1}(x) の収束性の判定 */
    {
      Pn=f[i][i];                            /* 補間値の計算                      */
      printf("AITKEN INTERPOLATION TABLE\n%9.5f%9.5f",x[0],y[0]);
      break;
    }
  }
```

```
      for(L=0;L<9;L++){
        m=MIN(i,L);                                   /* 印刷個数の制御変数     */
        printf("\n%9.5f%9.5f",x[L+1],y[L+1]);         /* 補間表の印刷          */
        for(k=0;k<=m;k++){
          printf("%9.5f",f[k][L]);
        }
      }
      printf("\n");
      printf("\n  45 DEG= %7.4f RAD.    HOKAN-CHI =%7.4f    SHIN-CHI =%7.4f\n",xx,Pn,ytrue);
    }
```
〈計算結果〉--
```
  AITKEN INTERPOLATION TABLE
  0.00000  0.00000
  0.17453  0.17365  0.78142
  0.34907  0.34202  0.76954  0.73987
  0.52360  0.50000  0.75000  0.72644  0.70629
  0.69813  0.64279  0.72314  0.71342  0.70681  0.70707
  0.87266  0.76604  0.68944  0.70094  0.70742  0.70714  0.70711
  1.04720  0.86602  0.64952  0.68909  0.70813  0.70721  0.70711  0.70711
  1.22173  0.93969  0.60409  0.67797  0.70892  0.70728  0.70710  0.70711
  1.39626  0.98481  0.55395  0.66769  0.70979  0.70734  0.70710  0.70711
  1.57079  1.00000  0.50000  0.65830  0.71073  0.70740  0.70710  0.70711

    45 DEG=  0.7854 RAD.    HOKAN-CHI =  0.7071    SHIN-CHI =  0.7071
```

4.3 Newtonの補間法

関数 $y=f(x)$ のグラフ上の点 (x_i, y_i) が，

$$x_i = x_0 + ih \quad (i=0, 1, \cdots, n) \tag{10}$$

のように，$x_0, x_1, \cdots, x_n$ が等間隔 h になるように与えられる場合には，Newtonの補間法を用いることができる。

$$\Delta y_i = y_{i+1} - y_i \quad (i=0, 1, \cdots, n-1) \tag{11}$$

を関数 $f(x)$ の1階差分とよぶ。さらに，1階差分の差分

$$\begin{aligned}\Delta^2 y_i &= \Delta(\Delta y_i) = \Delta y_{i+1} - \Delta y_i \\ &= y_{i+2} - 2y_{i+1} + y_i \quad (i=0, 1, \cdots, n-2)\end{aligned} \tag{12}$$

を関数 $f(x)$ の2階差分という。一般に，k 階差分は，

$$\begin{aligned}\Delta^k y_i &= \Delta(\Delta^{k-1} y_i) \\ &= y_{i+k} - \binom{k}{1} y_{i+k-1} + \cdots + (-1)^r \binom{k}{r} y_{i+k-r} + \cdots + (-1)^k y_i\end{aligned}$$
$$(i=0, 1, \cdots, n-k) \tag{13}$$

と表される。ここで，

$$\binom{k}{r} = \frac{k!}{r!(k-r)!} = {}_kC_r \tag{14}$$

は二項係数である。

上に述べた差分は x_0 から x_n に向かって前向きに取られるため，前進差分とよばれる。これとは逆に，x_n から x_0 に向かって後向きに差分を取ることができ，これを後退差分とよぶ。1階後退差分は，

$$\nabla y_{n-i} = y_{n-i} - y_{n-i-1} \quad (i=0, 1, \cdots, n-1) \tag{15}$$

さらに1階後退差分の差分，すなわち2階後退差分は，

$$\nabla^2 y_{n-i} = \nabla y_{n-i} - \nabla y_{n-i-1} = y_{n-i} - 2y_{n-i-1} + y_{n-i-2} \quad (i=0, 1, \cdots, n-2) \quad (16)$$

である．一般に，k 階後退差分は次式のようになる．

$$\nabla^k y_{n-i} = y_{n-i} - \binom{k}{1} y_{n-i-1} + \cdots + (-1)^r \binom{k}{r} y_{n-i-r} + \cdots + (-1)^k y_{n-i-k}$$

$$(i=0, 1, \cdots, n-k) \quad (17)$$

式(13)，(17)より，

$$\Delta^k y_0 = y_k - \binom{k}{1} y_{k-1} + \binom{k}{2} y_{k-2} - \cdots + (-1)^k y_0 \quad (18)$$

$$\nabla^k y_n = y_n - \binom{k}{1} y_{n-1} + \binom{k}{2} y_{n-2} - \cdots + (-1)^k y_{n-k} \quad (19)$$

次に補間多項式を求める．いま，n 次の多項式として，

$$P_n(x) = C_0 + C_1(x-x_0) + C_2(x-x_0)(x-x_1) + \cdots$$
$$+ C_n(x-x_0)(x-x_1) \cdots (x-x_{n-1}) \quad (20)$$

を考える．この多項式が，$n+1$ 個の点 $(x_0, y_0), \cdots, (x_n, y_n)$ を通るためには，係数 C_0, $C_1, \cdots, C_n$ は次の連立線形代数方程式を満足しなければならない．

$$\begin{aligned}
P_n(x_0) &= C_0 &&= y_0 \\
P_n(x_1) &= C_0 + C_1(x_1-x_0) &&= y_1 \\
P_n(x_2) &= C_0 + C_1(x_2-x_0) + C_2(x_2-x_0)(x_2-x_1) &&= y_2 \\
&\vdots \\
P_n(x_n) &= C_0 + C_1(x_n-x_0) + C_2(x_n-x_0)(x_n-x_1) + \cdots \\
& \quad + C_n(x_n-x_0) \cdots (x_n-x_{n-1}) &&= y_n
\end{aligned} \quad (21)$$

$x_0, x_1, \cdots, x_n$ は等間隔 h で並んでいるから，

$$x_i - x_j = (i-j)h \quad (22)$$

である．したがって，式(21)は，

$$\left.\begin{aligned}
C_0 &= y_0 \\
C_0 + C_1 h &= y_1 \\
C_0 + C_1 2h + C_2 2h^2 &= y_2 \\
&\vdots \\
C_0 + C_1 nh + C_2 n(n-1)h^2 + \cdots + C_n n! h^n &= y_n
\end{aligned}\right\} \quad (23)$$

となる．式(23)を上から逐次代入して解き，式(18)を用いれば係数，

$$C_0 = y_0, \quad C_1 = \frac{\Delta y_0}{h}, \quad C_2 = \frac{\Delta^2 y_0}{2h^2}, \quad \cdots,$$

$$C_k = \frac{\Delta^k y_0}{k! h^k}, \quad \cdots, \quad C_n = \frac{\Delta^n y_0}{n! h^n} \quad (24)$$

が得られ，補間多項式 $P_n(x)$ が求まる．

計算手順としては，次に示す対角差分表を用いるとよい．

4 補間法

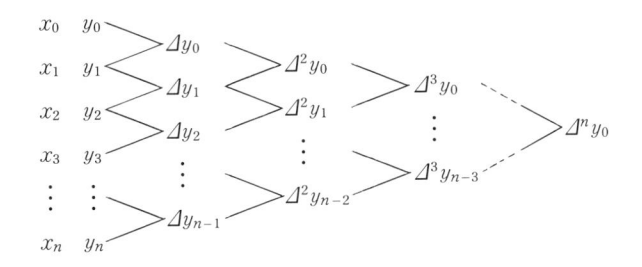

```
      x₀  y₀
           \ Δy₀
      x₁  y₁      \ Δ²y₀
           \ Δy₁         \ Δ³y₀
      x₂  y₂      \ Δ²y₁         ⋱
           \ Δy₂         ⋮              \ Δⁿy₀
      x₃  y₃              \ Δ³y_{n-3}  ⋰
       ⋮   ⋮      ⋮         ⋰
           \ Δy_{n-1}
      xₙ  yₙ      \ Δ²y_{n-2}
```

なお，後退差分を用いる補間多項式も全く同じ方法で求められるので，ここでは省略する。

Newton の補間法は，新しく補間点 (x_{n+1}, y_{n+1}) が加えられても再び計算することなく，式 (24) から多項式の係数 C_{n+1} を計算するだけでよいという利点がある。しかし，x が等間隔でなければならないことと，逆補間(式の値がある値 y に等しいような x を求めること) ができないという欠点がある。

例題 4.3 $x = 0°, 10°, 20°, 30°, \cdots, 90°$ の $\sin x$ の値が与えられたとき Newton の補間法により， $\sin 45°$ の値を計算せよ。

⟨ 例題 4.3 のプログラム例と計算結果 ⟩ ────── Newton Interpolation method ──────────

```c
#include <stdio.h>
#include <math.h>
#define deg 3.14159/180.                    /* 度からラジアンへの変換係数の定義 */
void main(void)
{
  double x[10],y[10],c[10],dy[9][9];        /* xᵢ,yᵢ,cₖ,Δᵏyⱼ*/
  double xx,ytrue,xk,Pn;
  int i,j,k,m;
  for(i=0;i<10;i++){
    x[i]=i*10*deg;                          /* xᵢの計算       */
    y[i]=sin(x[i]);                         /* yᵢの計算       */
  }
  xx=45.*deg;                               /* x=45°における y の真値 */
  ytrue=sin(xx);
  for(j=0;j<9;j++){
    dy[0][j]=y[j+1]-y[j];                   /* △yⱼの計算      */
  }
  for(k=1;k<9;k++){
    for(j=0;j<9-k;j++){
      dy[k][j]=dy[k-1][j+1]-dy[k-1][j];     /* △ᵏyⱼの計算    */
    }
  }
  m=1;                                      /* k!の計算の初期値  */
  xk=1.;                                    /* 式(20)の(x-x₀)(x-x₁)…(x-xₖ)の初期値*/
  c[0]=y[0];                                /* c₀の計算        */
  Pn=c[0];                                  /* 式(20)の Pₙ(x)の初期値*/
  for(k=1;k<10;k++){
    m=m*k;                                  /* k!の計算        */
    c[k]=dy[k-1][0]/m/pow(10.*deg,(double)k); /* 式(24)で cₖの計算 */
    xk=xk*(xx-x[k-1]);                      /* 式(20)の(x-x₀)(x-x₁)…(x-xₖ)の計算*/
    Pn=Pn+c[k]*xk;                          /* 式(20)で Pₙ(x)の計算 */
  }
```

```
        printf("NEWTON INTERPOLATION TABLE");
        for(i=0;i<9;i++){
          printf("\n%9.5f%9.5f",x[i],y[i]);                    /* 対角差分表の印刷     */
          for(j=0;j<9-i;j++){
            printf("%9.5f",dy[j][i]);
          }
        }
        printf("\n%9.5f%9.5f\n",x[9],y[9]);
        printf("\n  45 DEG= %7.4f RAD.  HOKAN-CHI =%7.4f  SHIN-CHI =%7.4f\n",xx,Pn,ytrue);
      }
```

⟨ 計算結果 ⟩--
```
NEWTON INTERPOLATION TABLE
 0.00000  0.00000  0.17365 -0.00528 |  | 0.00015 -0.00001 -0.00000  0.00000  0.00000
 0.17453  0.17365  0.16837 -0.01039 |  | 0.00013 -0.00002 -0.00000  0.00000
 0.34907  0.34202  0.15798 -0.01519 |  | 0.00011 -0.00002 -0.00000
 0.52360  0.50000  0.14279 -0.01953 |  | 0.00009 -0.00002
 0.69813  0.64279  0.12326 -0.02328 |  | 0.00007
 0.87266  0.76604  0.09998 -0.02631 |  |
 1.04720  0.86602  0.07367 -0.02855 |  |
 1.22173  0.93969  0.04512 -0.02992 |  |
 1.39626  0.98481  0.01519           |  |
 1.57079  1.00000

  45 DEG=  0.7854 RAD.  HOKAN-CHI = 0.7071  SHIN-CHI = 0.7071
```

演習問題

1. 次のようなデータが与えられたとき，Aitken の補間法で，$x=0.25$ に対する y の補間値を計算せよ．

k	x_k	y_k
1	0.0	1.000000
2	0.1	1.105171
3	0.2	1.221403
4	0.3	1.349859
5	0.4	1.491825

   （答）$y(0.25)=1.284026$

2. 分点 $x_i=0.92+0.01i\,(i=0,1,2,3,4,5)$ における $f(x_i)=\sin x_i$ の値を与えて，$\sin 0.923$ を Lagrange，Aitken，Newton の各補間法により求めよ．

   （答）Lagrange の場合，0.7974151

3. 問 2 において，補間分点を 6 個から 2 個へと減らしていったとき，各手法による $\sin 0.923$ の補間値はどうなるか比較せよ．

   （答）たとえば 3 個の Lagrange 法の場合，0.7974156

4. $\ln x$ の値が次のデータで与えられるとき，$\ln 0.6$ の値を Lagrange の補間法で計算せよ．

x	0.4	0.5	0.7	0.8
$\ln x$	-0.916291	-0.693147	-0.356675	-0.223144

   （答）-0.509975

5. データ (x_0,y_0)，(x_1,y_1) が与えられたとき，任意の $x\,(x_0\le x\le x_1)$ に対する y の線形補間を与えるプログラムを作成し，$\cos 20°$ と $\cos 30°$ が与えられたときの $\cos 22°$ の値を決定せよ．

   （答）0.92496

6. 次のデータは図の物体の位置を表す．

4 補間法

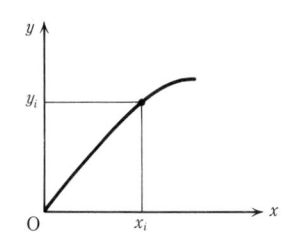

t [秒]	x [m]	y [m]
0	0	0
100	8 000	30 000
200	20 000	70 000
300	38 000	120 000
400	50 000	100 000
500	55 000	60 000

このとき，$x(250)$，$y(250)$ を Lagrange 法で求めよ。　　　　　（答）29000, 99300

7. $x=20°, 25°, 30°$ における $\cos x$ が与えられているとき，$\cos 22°$ を Lagrange の補間法により決定せよ。　　　　　（答）0.92717

8. 関数
$$y=\int_x^\infty \frac{e^t}{t}dt$$
の値は，次のようなデータで与えられる。$x=0.0378$ のとき y の値を Newton の補間法を用いて決定せよ。

x	0.00	0.01	0.02	0.03	0.04	0.05	0.06
y	∞	4.0379	3.3547	2.9591	2.6813	2.4679	2.2953

（答）2.7357

9. 問 7 において，Aitken の補間法を用い，さらに，$35°, 40°, 45°, \cdots, 90°$ と，データが増加したとき $\cos 22°$ の値はどのように変わるか。　　　　　（答）0.9271838

10. 次のデータが与えられているとする。

x	0.1	0.2	0.3	0.4	0.5
$f(x)$	0.70010	0.40160	0.10810	-0.17440	-0.43750

このとき，$f(x)=0$ となる x の値を Aitken の補間法を用いて計算せよ。

（答）0.33765

5

数値積分法

関数 $f(x)$ の定積分
$$I = \int_a^b f(x)\,dx$$
は，$f(x)$ の原始関数 $F(x)$ が解析的に求まれば
$$I = F(b) - F(a)$$
として求めることができる。しかし，原始関数 $F(x)$ が求められない場合や，x と y の値のみがいくつか与えられている場合には，近似的な数値積分に頼ることになる。

数値積分法としては，

① 台形公式

② Simpson の公式

がよく知られている。この 2 つの方法は，Newton-Cotes の積分法と総称されるもので，いずれも前章の Newton の補間法に基礎をおいている。これとは異なるもので，数値計算上の精度を向上させるため，Gauss-Legendre 積分法や Romberg 積分法などがあるが，ここでは前記の 2 つの方法について述べる。

5.1 台形公式

区間 $[a, b] \equiv [x_0, x_n]$ における定積分を n 個の幅 h の区間に分けて，
$$I = \int_{x_0}^{x_n} f(x)\,dx = \sum_{i=0}^{n-1} \int_{x_i}^{x_{i+1}} f(x)\,dx \tag{1}$$
と変形する。ただし，$x_{i+1} = x_i + h$ である。

次に，点 x_i, x_{i+1} で $f(x)$ のとる値をそれぞれ，
$$\left.\begin{array}{l} y_i = f(x_i) \\ y_{i+1} = f(x_{i+1}) \end{array}\right\} \tag{2}$$
としたとき，$f(x)$ を Newton の 1 次補間多項式で近似すれば
$$P_1^i(x) = y_i + \frac{\Delta y_i}{h}(x - x_i) \tag{3}$$
となる (4.3 節参照)。ここで，P_1^i は区間 $[x_i, x_{i+1}]$ における $f(x)$ の 1 次近似値となっている。

次に，図 5.1 にうすずみで示す部分の面積は，

5　数値積分法

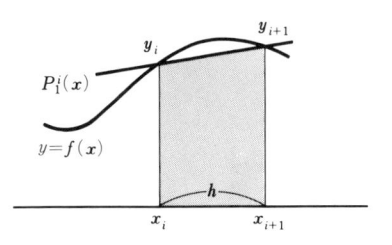

図 5.1　台形公式

$$I_i = \int_{x_i}^{x_{i+1}} P_1^i(x)\,dx$$
$$= \int_{x_i}^{x_{i+1}} \left[y_i + \frac{\Delta y_i}{h}(x - x_i) \right] dx$$
$$= \frac{h}{2}(y_i + y_{i+1}) \tag{4}$$

である。$P_1^i(x)$ は $f(x)$ の近似であるから，式(1), (4)から，

$$I = \sum_{i=0}^{n-1} \int_{x_i}^{x_{i+1}} f(x)\,dx$$
$$\fallingdotseq \sum_{i=0}^{n-1} \int_{x_i}^{x_{i+1}} P_1^i(x)\,dx = \sum_{i=0}^{n-1} I_i$$
$$= \sum_{i=0}^{n-1} \frac{h}{2}(y_i + y_{i+1}) \tag{5}$$

となり，これから台形公式が次のように求まる。

$$I \fallingdotseq \frac{h}{2}(y_0 + 2y_1 + 2y_2 + \cdots + 2y_{n-1} + y_n) \tag{6}$$

5.2　Simpson の公式

区間 $[a, b] \equiv [x_0, x_n]$ における定積分を $n/2$ 個の幅 $2h$ の小区間の定積分の和で表す。

$$\int_a^b f(x)\,dx = \sum_{i=0}^{n/2-1} \int_{x_{2i}}^{x_{2i+2}} f(x)\,dx \tag{7}$$

ただし，n は偶数でなければならない。また，$x_{i+1} = x_i + h$ である。

点，x_{2i}, x_{2i+1}, x_{2i+2} に対する $y = f(x)$ の値をそれぞれ，y_{2i}, y_{2i+1}, y_{2i+2} とし，$f(x)$ を Newton の 2 次補間多項式で近似すれば，

$$P_2^i(x) = y_{2i} + \frac{\Delta y_{2i}}{h}(x - x_{2i}) + \frac{\Delta^2 y_{2i}}{2h^2}(x - x_{2i})(x - x_{2i+1}) \tag{8}$$

となる。次に，図 5.2 に示すうすずみ部の面積は，

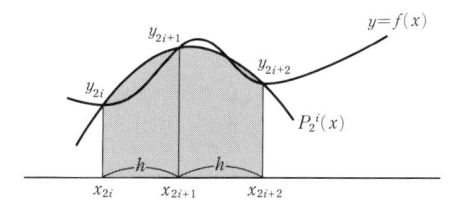

図 5.2　Simpson の公式

$$I_i = \int_{x_{2i}}^{x_{2i+2}} P_2^{\,i}(x)\,dx$$

$$= \int_{x_{2i}}^{x_{2i+2}} \left[y_{2i} + \frac{\Delta y_{2i}}{h}(x - x_{2i}) + \frac{\Delta^2 y_{2i}}{2h^2}(x - x_{2i})(x - x_{2i+1}) \right] dx$$

$$= h\left(2y_{2i} + 2\Delta y_{2i} + \frac{1}{3}\Delta^2 y_{2i} \right)$$

$$= \frac{h}{3}(y_{2i} + 4y_{2i+1} + y_{2i+2}) \tag{9}$$

となる。以上より，

$$I = \int_{x_0}^{x_n} f(x)\,dx$$

$$\fallingdotseq \sum_{i=0}^{n/2-1} \int_{x_{2i}}^{x_{2i+2}} P_2^{\,i}(x)\,dx = \sum_{i=0}^{n/2-1} I_i \tag{10}$$

となり，

$$I \fallingdotseq \frac{h}{3}(y_0 + 4y_1 + 2y_2 + 4y_3 + \cdots + 4y_{n-1} + y_n) \tag{11}$$

と近似することができる。式(11)は Simpson の 1/3 の公式とよばれるものである。

　台形公式や Simpson の 1/3 公式を導いたのと同じ方法により，高次の補間多項式を用いて精度を向上することができる。例えば，区間 $[a, b] \equiv [x_0, x_n]$ を 3 の倍数 n で分割して幅 $3h$ の小区間 $[x_{3i}, x_{3i+3}]$ に分解してみよう。この小区間での Newton の 3 次補間多項式は，

$$P_3^{\,i}(x) = y_{3i} + \frac{\Delta y_{3i}}{h}(x - x_{3i})$$

$$+ \frac{\Delta^2 y_{3i}}{2h^2}(x - x_{3i})(x - x_{3i+1})$$

$$+ \frac{\Delta^3 y_{3i}}{3!\,h^3}(x - x_{3i})(x - x_{3i+1})(x - x_{3i+2}) \tag{12}$$

で表される。これを小区間 $[x_{3i}, x_{3i+3}]$ で積分すると，

$$I_i = \frac{3h}{8}(y_{3i} + 3y_{3i+1} + 3y_{3i+2} + y_{3i+3}) \tag{13}$$

となる。したがって，

$$I \fallingdotseq \sum_{i=0}^{n/3-1} I_i$$

$$= \frac{3h}{8}(y_0 + 3y_1 + 3y_2 + 2y_3 + 3y_4 + \cdots + 3y_{n-1} + y_n) \tag{14}$$

が得られる。式(14)は，Simpson の 3/8 公式とよばれるものである。

　例題 5.1　Simpson の 1/3 公式により，次式の数値積分を，$n=10, 30, 50$ について行え。

$$S = \int_1^2 \frac{1}{x}\,dx \quad (= \ln 2 = 0.693147\cdots)$$

5 数値積分法

〈 例題 5.1 のプログラム例 〉 ------------ Simpson 1/3 Integration method ------------

```c
#include <stdio.h>
#define F(x) 1./x                                    /* 関数 f(x)の定義 */

void main(void)
{
  double a,b,h,s,x;
  int i,j,n,n1,n2;

  scanf("%lf %lf",&a,&b);                            /* 積分区間a,bの入力   */
  printf(" N         S\n");
  for(i=0;i<=2;i++){
    scanf("%d",&n);                                  /* 分割数nの入力 */
    h=(b-a)/n;                                       /* 幅hの計算     */
    s=F(a)+F(b);                                     /* y_0+y_nの計算  */
    n2=n-2;
    for(j=2;j<=n2;j+=2){
      x=a+j*h;
      s+=2*F(x);                                     /* 2(y_2+y_4+…+y_{n-2})の計算 */
    }
    n1=n-1;
    for(j=1;j<=n1;j+=2){
      x=a+j*h;
      s+=4*F(x);                                     /* 4(y_1+y_3+…+y_{n-1})の計算 */
    }
    s=h/3.*s;                                        /* 式(11)のIの計算 */
    printf("%3d%11.6f\n",n,s);                       /* 分割数と積分値の印刷 */
  }
}
```

〈 データ 〉---

```
1. 2.
10
30
50
```

〈 計算結果 〉---

```
 N       S
10    0.693150
30    0.693147
50    0.693147
```

演習問題

1. 次式において，幅を $h=0.16$ としたとき，台形公式により I を求めよ。
$$I=\int_1^{1.8}\frac{1}{x}dx \quad (=\ln 1.8=0.587787\cdots)$$
(答) 0.589259

2. 問1において，h を次々と半分にしていった場合はどうなるか。
(答) 例えば $h=0.02$ で 0.587810

3. $S=\int_0^\pi \sin s\, dx$ を Simpson の 1/3 の公式を用いて計算せよ。ただし，分割数 n を $2, 4, \cdots$ と2倍ずつ増加して積分値を求め，その値の変化が 10^{-4} より小さくなったとき計算を終了せよ。
(答) 例えば $n=8$ で 2.0003，$n=16$ および $n=32$ で 2.000

4. 台形公式により，
$$I=\int_1^2\frac{1}{x^2}dx$$
を $h=1.0,\ 0.5,\ 0.25$ について計算せよ。
(答) 0.625, 0.534722, 0.508993

5. Simpson の 1/3 公式を用いて，$h=0.5$, 0.25 の場合について問 4 の定積分を求めよ。
（答）　0.504630, 0.500418

6. 問 4.5 において，さらに h を次々と半分にした場合に，$\ln|0.5-I|$ と $\ln h$ の値をグラフ上にプロットし，台形公式，Simpson の 1/3 公式の精度限界について考察せよ。

7. 極座標表示で，$r=\cos\theta$ によって囲まれた図形（円）の面積を台形公式により求めよ。ただし，100 分割，すなわち $h=(\pi/2)\times(1/100)$ とする。　　　　　　　　　　（答）　0.78540

8. 次の積分を台形公式により求め，分割数と誤差について考察せよ。

（1）　$I=\displaystyle\int_0^1 e^x dx$ 　　　　　　　　　　　　　　　　　　　　　　（真値）　1.7128284

（2）　$I=\displaystyle\int_{1.2}^{3.0} x^2 dx$ 　　　　　　　　　　　　　　　　　　　　　（真値）　8.4239999

9. 次の積分を Simpson の 1/3 公式により求め，分割数と誤差について考察せよ。

（1）　$I=\displaystyle\int_0^{\pi/2} \sin^5 x\, dx$ 　　　　　　　　　　　　　　　　　　　（真値）　0.0890

（2）　$I=\displaystyle\int_0^1 xe^x\, dx$ 　　　　　　　　　　　　　　　　　　　　　（真値）　1.000

（3）　$I=\displaystyle\int_0^4 \frac{1}{\sqrt{9+x^2}}\, dx$ 　　　　　　　　　　　　　　　　　（真値）　1.09861

（4）　$I=\displaystyle\int_0^{\pi/2} \ln\tan x\, dx$ 　　　　　　　　　　　　　　　　　　（真値）　0.000

10. 問 9 の積分を Simpson の 3/8 公式で解いた場合の精度はどうか。Simpson の 1/3 公式の場合と比較して，10^{-5} までの精度を得るには h の大きさにどの程度の違いがあるか。
（答）　例えば (1) では，h は倍になる。

6

常微分方程式

　工学系の諸問題において，常微分方程式を解くことが多い．解きたい方程式が線形であれば，常微分方程式の解法は，固有値問題に帰着させることができる．しかし，一般には非線形であることが多く，コンピュータによる数値解法を用いて解かなければならない．

　ここでは，常微分方程式の数値解法で最もよく用いられている代表的な3つの手法，

　　① Runge-Kutta法
　　② Runge-Kutta-Gill法
　　③ Milne法

について説明する．なお，問題はすべて初期値問題とし，常微分方程式

$$\frac{dy}{dx} = f(x, y) \tag{1}$$

を初期条件(x_0, y_0)が与えられたときに解くことを考える．

6.1 Runge-Kutta法

　式(1)の1階常微分方程式において，xがx_0からhだけ増加した点$x_1 = x_0 + h$における値y_1の計算を次の公式に基づいて行う．

$$k_1 = hf(x_0, y_0) \tag{2}$$

$$k_2 = hf\left(x_0 + \frac{h}{2}, y_0 + \frac{k_1}{2}\right) \tag{3}$$

$$k_3 = hf\left(x_0 + \frac{h}{2}, y_0 + \frac{k_2}{2}\right) \tag{4}$$

$$k_4 = hf(x_0 + h, y_0 + k_3) \tag{5}$$

$$k = \frac{1}{6}(k_1 + 2k_2 + 2k_3 + k_4) \tag{6}$$

$$y_1 = y_0 + k$$

このようにして求めたy_1を新たにy_0と置き直して，xがまたhだけ増加したときのyの値を求めるという操作を繰り返す．この方法を図6.1に示す．

① 点(x_0, y_0)から傾き$f(x_0, y_0)$でxがhだけ進むとyはk_1だけ変化する．
② この線上の点$(x_0 + h/2, y_0 + k_1/2)$で傾きを求め，(x_0, y_0)からhだけ進むとyはk_2だけ変化する．
③ 同じように，(x_0, y_0)から傾き$f(x_0 + h/2, y_0 + k_2/2)$で$h$だけ進み，$k_3$を得る．

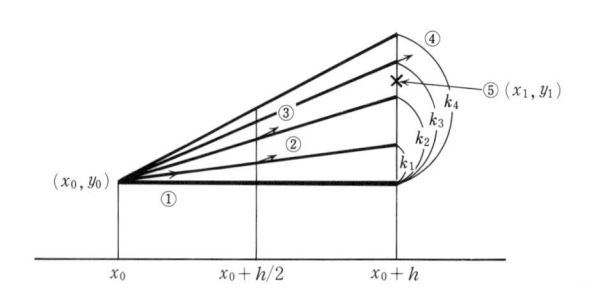

図 6.1 Runge-Kutta 法

④ さらに，(x_0, y_0) から $f(x_0+h, y_0+k_3)$ の傾きで h だけ進み，k_4 を得る。
⑤ 以上，①〜④の加重平均として，y_0 に対する増分 k を式(6)で求め，点 (x_1, y_1) を得る。

例題 6.1 常微分方程式

$$\frac{dy}{dx} = \sin x + \cos y$$

を初期条件 $(x_0, y_0) = (0, 0)$ のもとで，Runge-Kutta 法により $x = \pi/2$ まで，15等分して求めよ。

〈例題 6.1 のプログラム例〉────────── Runge-Kutta method ──────────
```
#include <stdio.h>
#include <math.h>
#define F(x,y) (sin(x)+cos(y))              /* 文関数f(x,y)の定義*/
#define h 3.1416/(2.*15.)                   /* 刻み幅hの定義    */
void main(void)
{
  double x,y,k1,k2,k3,k4;
  int i=0;                                  /* 回数i*/
  x=y=0.;                                   /* x_0, y_0 */
  printf(" i        x           y\n");
  printf("%2d     %6.3f     %6.3f\n",i,x,y); /* 初期値x_0,y_0の印刷 */
  do
    {
      i++;                                  /* Runge-Kutta法のステップを1つ進める */
      k1=h*F(x,y);                          /* 式(2)の計算 */
      k2=h*F(x+h/2.,y+k1/2.);               /* 式(3)の計算 */
      k3=h*F(x+h/2.,y+k2/2.);               /* 式(4)の計算 */
      k4=h*F(x+h,y+k3);                     /* 式(5)の計算 */
      y+=(k1+2.*k2+2.*k3+k4)/6.;            /* 式(6)の計算 */
      x+=h;                                 /* x_{i+1}=x_i+h */
      printf("%2d     %6.3f     %6.3f\n",i,x,y);
    }while(i-15<0);                         /* 終了の判定 */
}
```

6 常微分方程式

```
<計算結果>----------------------------------------------------------
    i      x        y
    0    0.000    0.000
    1    0.105    0.110
    2    0.209    0.230
    3    0.314    0.357
    4    0.419    0.490
    5    0.524    0.626
    6    0.628    0.763
    7    0.733    0.900
    8    0.838    1.033
    9    0.942    1.162
   10    1.047    1.286
   11    1.152    1.402
   12    1.257    1.512
   13    1.361    1.614
   14    1.466    1.708
   15    1.571    1.793
-------------------------------------------------------------------
```

6.2 Runge-Kutta-Gill 法

この方法は，前述の Runge-Kutta 法の改良型ともいうべきもので，Runge-Kutta 法と同様によく用いられる。

(x_0, y_0) から x が h だけ増加した点 (x_1, y_1) へ進むには，

$$
\left.\begin{aligned}
k_1 &= hf(x_0, y_0) & r_1 &= \frac{1}{2}(k_1 - 2q_0) \\
y^{(1)} &= y_0 + r_1 & q_1 &= q_0 + 3r_1 - \frac{1}{2}k_1 \\
k_2 &= hf\left(x_0 + \frac{h}{2}, y^{(1)}\right) & r_2 &= \left(1 - \frac{\sqrt{2}}{2}\right)(k_2 - q_1) \\
y^{(2)} &= y^{(1)} + r_2 & q_2 &= q_1 + 3r_2 - \left(1 - \frac{\sqrt{2}}{2}\right)k_2 \\
k_3 &= hf\left(x_0 + \frac{h}{2}, y^{(2)}\right) & r_3 &= \left(1 + \frac{\sqrt{2}}{2}\right)(k_3 - q_2) \\
y^{(3)} &= y^{(2)} + r_3 & q_3 &= q_2 + 3r_3 - \left(1 + \frac{\sqrt{2}}{2}\right)k_3 \\
k_4 &= hf(x_0 + h, y^{(3)}) & r_4 &= \frac{1}{6}(k_4 - 2q_3) \\
y_1 &= y^{(3)} + r_4 & q_4 &= q_3 + 3r_4 - \frac{1}{2}k_4
\end{aligned}\right\} \quad (7)
$$

の公式を用いる。

ここで，q_0 は1つ前のステップでの計算値 q_4 であるが，初期値は0とする。この一連の計算終了後，(x_1, y_1) を (x_0, y_0) と置き直し，q_4 を q_0 と置き直して次のステップの計算を行い，これを繰り返す。

例題 6.2 例題 6.1 を Runge-Kutta-Gill 法で求めよ。

〈例題 6.2 のプログラム例〉────────── Runge-Kutta-Gill method ──────────
```c
#include<stdio.h>
#include<math.h>
#define F(x,y) (sin(x)+cos(y))              /* 文関数f(x,y)の定義*/
#define h 3.1416/(2.*15.)                    /* 刻み幅hの定義   */
#define s sqrt(2.)/2.                        /* 定数√2/2の定義*/

void main(void)
{
  double k1,k2,k3,k4,r1,r2,r3,r4,q0=0.,q1,q2,q3,q4;   /* q0=0      */
  double x=0.,y=0.,y1,y2,y3;                          /* x0, y0*/
  int i=0;
  printf(" i        x            y\n");
  printf("%2d     %6.3f     %6.3f\n",i,x,y);          /* 初期値x0, y0の印刷*/
  do
    {
      i++;
      k1=h*F(x,y);      r1=(k1-2.*q0)/2.;             /* k1, r1の計算 */
      y1=y+r1;          q1=q0+3.*r1-k1/2.;            /* y(1), q1の計算*/
      k2=h*F(x+h/2,y1);r2=(1.-s)*(k2-q1);             /* k2, r2の計算 */
      y2=y1+r2;         q2=q1+3.*r2-(1.-s)*k2;        /* y(2), q2の計算*/
      k3=h*F(x+h/2,y2);r3=(1.+s)*(k3-q2);             /* k3, r3の計算 */
      y3=y2+r3;         q3=q2+3.*r3-(1.+s)*k3;        /* y(3), q3の計算*/
      k4=h*F(x+h,y3);   r4=(k4-2.*q3)/6.;             /* k4, r4の計算 */
      y=y3+r4;          q4=q3+3.*r4-k4/2.;            /* y1, q4の計算 */
      x+=h;             q0=q4;                        /* xi+1=xi+h, q0=q4 */
      printf("%2d     %6.3f     %6.3f\n",i,x,y);
    }while(i-15<0);                                   /* 終了の判定 */
}
```
〈計算結果〉──
Runge-Kutta 法と同じ。
──

6.3 Milne 法

この方法は，図 6.2 に示すように，x_{i-3}, x_{i-2}, x_{i-1}, x_i における y と f の値が与えられているとき，これらの値を用いて x_{i+1} における y_{i+1} を求める方法である。

まず，$x_{i-3}, \cdots, x_i$ の 4 点の値から，y_{i+1} の予測子 $y_{i+1}^{(P)}$ を求める。式(1)を点 (x_{i-3}, y_{i-3}) から (x_{i+1}, y_{i+1}) まで積分して，

$$y_{i+1}^{(P)} - y_{i-3} = \int_{x_{i-3}}^{x_{i+1}} f(x,y)\,dx \fallingdotseq \int_{x_{i-3}}^{x_{i+1}} P(x)\,dx \qquad (8)$$

となる。ここで $P(x)$ を 3 次の補間多項式とし，x_{i-1} を原点にとる Lagrange の補間式により，

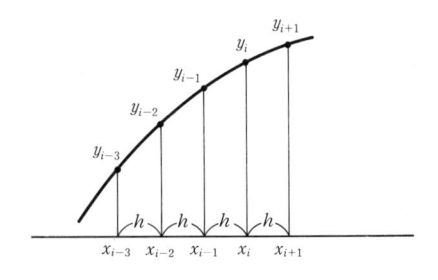

図 6.2 Milne 法

6 常微分方程式

$$P(x) = f_{i-3}\frac{(x+h)\,x\,(x-h)}{(-h)\,(-2h)\,(-3h)}$$
$$+f_{i-2}\frac{(x+2h)\,x\,(x-h)}{h\cdot h\cdot 2h}$$
$$+f_{i-1}\frac{(x+2h)\,(x+h)\,(x-h)}{2h\cdot h\cdot (-h)}$$
$$+f_i\frac{(x+2h)\,(x+h)\,x}{3h\cdot 2h\cdot h} \quad (9)$$

とする。式(9)を式(8)に代入し，$P(x)$を$-2h$から$2h$まで積分すると予測子$y_{i+1}^{(P)}$は

$$y_{i+1}^{(P)} = y_{i-3} + \frac{4}{3}h(2f_{i-2} - f_{i-1} + 2f_i) \quad (10)$$

となる。ただし$f_i = f(x_i, y_i)$である。

次に，

$$f_{i+1} = f(x_{i+1}, y_{i+1}^{(P)}) \quad (11)$$

とし，x_{i-1}，x_i，x_{i+1}の3つの点にSimpsonの1/3公式を適用すると，修正子$y_{i+1}^{(C)}$は

$$y_{i+1}^{(C)} = y_{i-1} + \frac{h}{3}(f_{i-1} + 4f_i + f_{i+1}) \quad (12)$$

となる。式(10)の予測子$y_{i+1}^{(P)}$が真値y_{i+1}に十分近ければ，

$$|y_{i+1}^{(P)} - y_{i+1}^{(C)}| < \varepsilon \quad (13)$$

となるはずである。もしそうでなければ，式(12)の修正子$y_{i+1}^{(C)}$を$y_{i+1}^{(P)}$と置き換えて式(11)のf_{i+1}を計算し，さらに$f_{i+1}^{(C)}$を計算する手順を繰り返す。

この方法では，常に現在の点x_iより3点前までのyの値を必要とするので，初期値から3点は，前述のRunge-Kutta法やRunge-Kutta-Gill法などを用いて求めなければならない。

例題 6.3 例題6.1をMilne法で求めよ。ただし，最初の3点はRunge-Kutta法で求めるものとする。

```
<例題6.3のプログラム例>------------- Runge-Kutta-Milne method --------------------------
#include<stdio.h>
#include<math.h>
#define F(x,y) (sin(x)+cos(y))                    /* 文関数f(x,y)の定義*/
#define h 3.1416/(2.*15.)                         /* 刻み幅hの定義    */
#define eps 1.e-5                                 /* 収束判定条件     */

void main(void)
{
  double x[16],y[16],k1,k2,k3,k4;
  double f,f1,f2,fp,yp,yc;
  int i=0;
  x[0]=y[0]=0.;                                   /* x₀, y₀ */
  printf(" I          X            Y\n");
  printf("%2d    %6.3f    %6.3f\n",i,x[0],y[0]);  /* 初期値x₀,y₀の印刷*/
  for(i=0;i<3;++i)                                /* x₁からx₃までの計算 */
    {                                             /* Runge-Kutta法      */
      k1=h*F(x[i],y[i]);
      k2=h*F(x[i]+h/2.,y[i]+k1/2.);
      k3=h*F(x[i]+h/2.,y[i]+k2/2.);
      k4=h*F(x[i]+h,y[i]+k3);
```

```
            y[i+1]=y[i]+(k1+2.*k2+2.*k3+k4)/6.;
            x[i+1]=x[i]+h;
            printf("%2d    %6.3f     %6.3f\n",i+1,x[i+1],y[i+1]);
          }
     for(i=3;i<15;++i)                          /* x₄以降のMilne法による計算 */
       {
         x[i+1]=x[i]+h;                         /* x_{i+1}=x_i+h */
         f=F(x[i],y[i]);                        /* f_iの計算   */
         f1=F(x[i-1],y[i-1]);                   /* f_{i-1}の計算 */
         f2=F(x[i-2],y[i-2]);                   /* f_{i-2}の計算 */
         yp=y[i-3]+4./3.*h*(2.*f2-f1+2*f);      /* (10)式の計算 */
         while(1)
           {
             fp=F(x[i+1],yp);                   /* (11)式の計算 */
             yc=y[i-1]+h/3.*(f1+4*f+fp);        /* (12)式の計算 */
             if(fabs(yp-yc)<eps) break;         /* (13)式の収束判定 */
             yp=yc;                             /* y_{i+1}^{(c)}をy_{i+1}^{(p)}と置換 */
           }
         y[i+1]=yc;                             /* y_{i+1}の計算 */
         printf("%2d    %6.3f     %6.3f\n",i+1,x[i+1],y[i+1]);
       }
   }
```

〈計算結果〉--
Runge-Kutta法と同じ。

6.4 連立常微分方程式

一般のベクトル形常微分方程式は連立常微分方程式を整理して表したもので，

$$\frac{d\boldsymbol{y}}{dx}=\boldsymbol{f}(x,\boldsymbol{y})$$

と表すことができる。ここで

$$\boldsymbol{y}=\begin{bmatrix}y_1\\y_2\\\vdots\\y_n\end{bmatrix}\quad \boldsymbol{f}=\begin{bmatrix}f_1(x,y_1,y_2,\cdots,y_n)\\f_2(x,y_1,y_2,\cdots,y_n)\\\vdots\\f_n(x,y_1,y_2,\cdots,y_n)\end{bmatrix}$$

6.1節のRunge-Kutta法を用いて解くことを考えてみる。上に示すようなベクトル表示を用いれば，式(2)は，

$$\boldsymbol{k}_1=h\boldsymbol{f}(x_0,\boldsymbol{y}_0)$$

となる。すなわち

$$\begin{bmatrix}k_{11}\\k_{12}\\\vdots\\k_{1n}\end{bmatrix}=\begin{bmatrix}hf_1(x_0,y_{10},y_{20},\cdots,y_{n0})\\hf_2(x_0,y_{10},y_{20},\cdots,y_{n0})\\\vdots\\hf_n(x_0,y_{10},y_{20},\cdots,y_{n0})\end{bmatrix}$$

である。同様にして，式(3)，(4)，(5)からベクトル $\boldsymbol{k}_2$，$\boldsymbol{k}_3$，$\boldsymbol{k}_4$ を求める。式(6)より，

$$\boldsymbol{k}=\begin{bmatrix}k_1\\k_2\\\vdots\\k_n\end{bmatrix}=\frac{1}{6}\left\{\begin{bmatrix}k_{11}\\k_{12}\\\vdots\\k_{1n}\end{bmatrix}+2\begin{bmatrix}k_{21}\\k_{22}\\\vdots\\k_{2n}\end{bmatrix}+2\begin{bmatrix}k_{31}\\k_{32}\\\vdots\\k_{3n}\end{bmatrix}+\begin{bmatrix}k_{41}\\k_{42}\\\vdots\\k_{4n}\end{bmatrix}\right\}$$

が求められる。これより，

6 常微分方程式

$$y_1 = y_0 + k$$

として，次のステップの値を求めることができる．

例題 6.4 2階常微分方程式

$$\frac{d^2y}{dx^2} = x\frac{dy}{dx} + y$$

を初期条件$(x_0, y_0) = (0, 1)$，$\frac{dy}{dx} = 1$ のもとで，Runge-Kutta 法により $x=1.0$ まで，10等分して求めよ．上の式を次のように1階連立常微分方程式に変換して求めればよい．

$$\frac{dy_1}{dx} = y_2, \qquad \frac{dy_2}{dx} = xy_2 + y_1$$

〈 例題 6.4 のプログラム例 〉------------ Runge-Kutta method for simultaneous equations------------

```c
#include <stdio.h>
void RNGKUT(int,double,double *py,double *pk1,double *pk2,double *pk3,double *pk4,double
    *pywork,double);
double FUN(int,double,double *py,int);

void main(void)
{
    double y[2],k1[2],k2[2],k3[2],k4[2],ywork[2];   /* y,k1,k2,k3,k4,作業領域 ywork */
    double x,h;
    int i,n;
    scanf("%d %lf",&n,&h);                          /* 連立方程式の次数n，刻み幅hの入力 */
    scanf("%lf %lf %lf",&x,&y[0],&y[1]);            /* 初期値 x0, y0 の入力 */
    printf(" i       x           y1          y2\n");
    printf(" 0    %6.3f      %6.3f     %6.3f\n",x,y[0],y[1]);
    for(i=1;i<=10;i++){
        RNGKUT(n,x,y,k1,k2,k3,k4,ywork,h);          /* 関数 RNGKUT へ飛ぶ*/
        x+=h;                                       /* x のステップを1つ進める*/
        printf("%2d    %6.3f      %6.3f     %6.3f\n",i,x,y[0],y[1]);
    }
}
/*---------------------- Runge-Kutta Method （連立常微分方程式） ----------------------*/
void RNGKUT(int n,double x,double *py,double *pk1,double *pk2,double *pk3,double
    *pk4,double *pywork,double h)
{
    int i;
    for(i=0;i<n;i++){
        *(pk1+i)=h*FUN(i,x,py,n);                   /* k1 の計算 */
    }
    for(i=0;i<n;i++){
        *(pywork+i)=*(py+i)+*(pk1+i)/2;             /* y の変化量 y+k1/2 を配列 ywork に記憶*/
    }
    for(i=0;i<n;i++){
        *(pk2+i)=h*FUN(i,x+h/2,pywork,n);           /* k2 の計算 */
    }
    for(i=0;i<n;i++){
        *(pywork+i)=*(py+i)+*(pk2+i)/2;             /* y の変化量 y+k2/2 を配列 ywork に記憶*/
    }
    for(i=0;i<n;i++){
        *(pk3+i)=h*FUN(i,x+h/2,pywork,n);           /* k3 の計算 */
    }
    for(i=0;i<n;i++){
        *(pywork+i)=*(py+i)+*(pk3+i);               /* y の変化量 y+k3 を配列 ywork に記憶*/
    }
```

```
    for(i=0;i<n;i++){
      *(pk4+i)=h*FUN(i,x+h,pywork,n);                    /* k4 の計算 */
    }
    for(i=0;i<n;i++){
      *(py+i)+=(*(pk1+i)+2**(pk2+i)+2**(pk3+i)+*(pk4+i))/6;  /* y1 の計算 */
    }
    return;
  }
  /*------------------ Function (連立常微分方程式の右辺を求める関数) ------------------*/
  double FUN(int i,double x,double *py,int n)
  {
    double f;
    if((i+1)==1){
      f=*(py+1);                                         /* i=1 の時, dy1/dx=y2 の計算 */
      return f;
    }
    else{
      f=x**(py+1)+*(py+0);                               /* i=2 の時, dy2/dx=xy2+y1 の計算 */
      return f;
    }
  }
```

<データ>--
2 0.1
0.0 1.0 1.0
<計算結果>--
    i   x   y1   y2
    0   0.000   1.000   1.000
    1   0.100   1.105   1.111
    2   0.200   1.223   1.245
    3   0.300   1.355   1.407
    4   0.400   1.505   1.602
    5   0.500   1.677   1.838
    6   0.600   1.875   2.125
    7   0.700   2.104   2.473
    8   0.800   2.372   2.897
    9   0.900   2.687   3.418
   10   1.000   3.059   4.059

演習問題

1. 次の常微分方程式を Runge-Kutta 法により解け.

$$\frac{dy}{dx}=x^2+y$$

   ただし, 初期値を $(x_0,y_0)=(1,1)$, 計算間隔を $h=0.1$ として, $x=2$ まで求めよ.
   （答）例えば $x=1.5$, $y=2.64233$

2. 微分方程式

$$\frac{dy}{dx}=\frac{2y}{1+x}$$

   を Runge-Kutta 法で解け. ただし, 計算区間を $[0,1]$, 計算間隔を $h=0.1$, 初期値を $x=0$, $y=1$ とする.   （答）例えば $x=0.1$, $y=1.2099$

3. 問2の常微分方程式を Milne 法によって解け. ただし, 計算間隔を $h=0.01$ とし, 必要な初期値は方程式の真の解 $y=(1+x)^2$ から求めよ.
   （答）例えば $x=0.1$, $y=1.2099$

4. 次の常微分方程式を Runge-Kutta 法で解け. ただし, 計算区間は $[0,15]$ とし, 計算間隔 h は 0.5 と 0.25 の両者について計算を行い, 真の値と比較考察せよ.

6 常微分方程式

$$\frac{dy}{dx} = -xy, \quad y(0) = 15 \quad 一般解: y = c \cdot \exp(-x^2/2)$$

(答) 例えば $x = 1.0$, $y = \begin{cases} 9.09741521 \\ 9.09797757 \end{cases}$

5. 問4の方程式の解を Runge-Kutta-Gill 法によって求めよ.
6. 問4の方程式の解を Milne 法によって求めよ.
7. 連立常微分方程式

$$\frac{dy_1}{dx} = y_2 \quad \frac{dy_2}{dx} = -y_1$$

を Runge-Kutta 法で解け. ただし, 初期値は $x = 0$ のとき, $y_1 = 0$, $y_2 = 1$ とする. また, 計算区間は $[0, 4]$ とし, 計算間隔を $h = 0.05$ とせよ.

(答) 例えば $x = 0.1$, $y_1 = 0.099833$, $y_2 = 0.995004$

8. 計算間隔 $h = 0.1$, 0.05 の 2 つの場合について, 問 7 の連立常微分方程式の解 (x_1, y_2) を Runge-Kutta 法, Runge-Kutta-Gill 法, Milne 法の 3 つの方法で求め, $y_1 - y_2$ 平面にプロットし, 各種方法を比較せよ.

9. 次の 2 階常微分方程式を Runge-Kutta-Gill 法で解け.

$$\frac{d^2y}{dx^2} = x\frac{dy}{dx} + y$$

ただし, 初期値 $y(0) = 0$, $y'(0) = 1$, 計算間隔を $h = 0.1$ とし, 計算区間を $[0, 1]$ とする.

(答) 例えば $x = 0.5$, $y = 0.54382$

10. 連立常微分方程式

$$\frac{dy}{dx} = 6x - 3z - 5 \quad \frac{dz}{dx} = (x - y + 5)/3$$

を Runge-Kutta 法で解け. ただし, 初期値は $x = 0$ のとき $y = 2$, $z = -1$ とする. また, 計算間隔を $h = 0.1$ とし, 計算区間を $[0, 1]$ とする.

(答) 例えば $x = 0.5$, $y = 1.31959$, $z = -0.393469$

7

誤 差

　ある入力データに対し，コンピュータによって計算処理を実行したとき，結果として得られる値と真の値との差を誤差という。

　コンピュータは計算を絶対に間違えないという考え方がある。確かにコンピュータは正常な条件下では計算を正確に繰り返す。しかし，コンピュータには本来，丸め誤差とよばれる誤差があり，計算するたびに毎回誤差が発生し，計算過程を通じて誤差の伝播が正確に繰り返される。したがって，計算の内容によっては，誤差の累積によって，真の値から著しくはずれた思わぬ結果を得ることがある。

7.1 入力データに含まれる誤差の影響

　コンピュータが発生する固有の誤差を論ずる前に，誤差を含む入力データが計算結果に及ぼす影響についても配慮しておく必要がある。公式中の $1/3$，$\sqrt{2}$，π，e などを有限小数で表現することによる影響もこれに含まれる。

　いま，$x=2.0, 1.9, 1.8, \cdots, 1.1$ の 10 個の各値がそれぞれ $\varepsilon_x=0.05$ という最大誤差の絶対値をもつとき，$f(x)=x+1+1/(x-1)$ について誤差限界を調べてみよう。

　一般に，微分可能な関数の計算値に対する誤差限界を予測するとき，

$$\Delta f \simeq df = \frac{\partial f}{\partial x} dx \simeq \frac{\partial f}{\partial x} \Delta x$$

の関係を用いることができる。したがって，上の例は，

$$f'(x) = 1 - \frac{1}{(x-1)^2}$$

となり，計算結果は下の表のようになる。

x	$f(x)$	$f'(x)\cdot\varepsilon_x$	$f(x)$の相対誤差
2.0	4.000	0.000	0.00 %
1.9	4.011	0.011	0.27
1.8	4.049	0.028	0.69
1.7	4.128	0.052	1.26
1.6	4.266	0.088	2.06
1.5	4.500	0.150	3.33
1.4	4.899	0.262	5.35
1.3	5.633	0.505	8.97
1.2	7.199	1.200	16.67
1.1	12.100	4.950	40.91

$x = 1.1 \pm 0.05$(最大 4.5% の相対誤差)のとき，$f(x) = 12.1 \pm 5.0$(最大 41% の相対誤差)となる。

7.2 丸め誤差

コンピュータは，10 進数を 2 進数に直して記憶する。したがって，小数点以下を含め 10 進数は，2 進数に変換されるとき，変換誤差が生ずる。これが丸め誤差である。たとえば，10 進数 0.845 は，

$$0.875 = 2^{-1} + 2^{-2} + 2^{-3}$$

であり，2 進数では 0.111 となって変換誤差を生じない。しかし，10 進数 0.6 は，

$$0.6 = 2^{-1} + 2^{-4} + 2^{-5} + 2^{-8} + 2^{-9} + \cdots$$

であり，2 進数では 0.100110011… となる。ここで 1 個の数値を 8 ビット (2 進数で 8 桁) で表せば，0.10011001 となり，それより下位の桁は切り捨てられてしまう。これを 10 進数にもどすと，

$$2^{-1} + 2^{-4} + 2^{-5} + 2^{-8} = 0.59765626$$

となって，もとの値 0.6 との間に差が生じる。これが丸め誤差である。

次に，丸め誤差の伝播について説明する。簡単のため，3 桁の 10 進レジスタ上で演算する場合について考えてみよう。

0.56789 と 0.78901 を入力データとして投入したならば，3 桁で切り捨てられ，それぞれは 0.567 と 0.789 となる (2 進レジスタならば，このとき変換誤差が生ずる)。この 2 つの数の和を 3 桁の 10 進レジスタ上で演算すると以下のようになる。

```
  3桁の10進レジスタ上              正確な値
       .567                          .56789
  +    .789                     +    .78901
  ─────────                     ─────────
      1.356  切捨て                  1.35690
       .135 × 10¹
```

また，0.000789 + 0.00456 + 0.123 を求めてみよう。

```
   小さな数を先に          大きい数を先に            正確な値
      .000789                 .123                   .000789
  +   .00456              +   .00456                 .00456
  ─────────               ─────────              +   .123
      .00534                  .127                ─────────
  +   .123                +   .000789                .128349
  ─────────               ─────────
      .128                    .127
```

このように，小数に対してコンピュータが行う算術演算は，演算レジスタの桁数の制約のために，演算のたびに毎回丸め誤差が発生し，計算過程を通じて伝播していく。したがって，小数演算ではその計算結果が正確である可能性はきわめて少ない。また，上の例でみられるように，小さい数を先に加えるほうが誤差が小なく，計算結果は演算の実行順序にも依存することがわかる。したがって，コンピュータの小数演算では数学における交換法則，結合法則，分配法則は必ずしも成立しない。次に，数段階に分かれている計算過程における丸め誤差の累積について考えてみる。

計算段階が進むにつれ，前の段階の誤差の寄与が消えていくような傾向の計算について

は，全体の結果が安定してえられる．これに反し，前の段階の誤差の寄与が増加していくような計算については，計算結果は真の値から著しくはずれるようになる．以下に，途中の丸め誤差が累積される例を示す．

定積分
$$I_n = e^a \int_0^a x^n e^{-x} dx \qquad (n=0, 1, 2, \cdots, a>0)$$
は部分積分によって，漸化式
$$I_n = nI_{n-1} - a^n, \qquad I_0 = e^a - 1 \qquad (1)$$
を満たす．ここで，式(1)を用い，$a = 0.5$のときのI_nの値を以下に示すプログラムによって求めてみる．

```
#include <stdio.h>
#include <math.h>

void main(void)
{
  double a=0.5,x;
  int i,n=0;
  x=exp(a)-1.0;
  do
  {
    printf("%4d%15.5e\n",n,x);
    n++;
    x=(double)n*x-pow(a,(double)n);
  }while(n<=20);
}
```

上のプログラムでは，実数を倍精度(8バイト＝64ビット)とし，有効数字を10進で約16桁とって計算している．計算結果は以下のようになる．

n	I_nの計算値	I_nの正しい値
0	0.648721	0.648721
1	0.148721	0.148721
2	0.474425×10^{-1}	0.474425×10^{-1}
⋮	⋮	⋮
5	0.280248×10^{-2}	0.280248×10^{-2}
⋮	⋮	⋮
10	0.463127×10^{-4}	0.463125×10^{-4}
⋮	⋮	⋮
15	0.628560×10^{-4}	0.982523×10^{-6}
⋮	⋮	⋮
20	$0.115114 \times 10^{+3}$	0.232340×10^{-7}

この表において，I_nの真値はnの増加とともに減少している．ところが，I_nの計算値ははじめ減少したあと増大している．この矛盾は，式(1)からわかるように，I_{n-1}のもつ誤差がn倍となってI_nの誤差となり，これが累積するために，たちまち誤差のほうが真の値より大きくなるためである．逆に，十分大きいnの値から，順次nを下げる方向にI_nを計算して求めれば，今度は誤差が$1/n$となって伝播し，累積が防げる．このように丸め誤差が拡大する性質をもつ数値計算公式は，できるだけ避ける必要がある．

7.3 打切り誤差

打ち切り誤差は，用いられる計算式が近似式であるために発生するもので，たとえば無限級数を有限の項で近似することによって生ずる。

いま，一例として定積分の台形公式による近似計算における誤差の程度について述べる。

積分

$$I = \int_a^b f(x)\,dx \tag{2}$$

を，

$$I_1 = \frac{b-a}{2}\{f(a) + f(b)\} \tag{3}$$

で近似したときの誤差 $E_1 = I_1 - I$ を評価するために，式(2)を次のように2通りに変形してみる。

$$\begin{aligned}I = \int_a^b f(x)\,dx &= \Big[(x-a)f(x)\Big]_a^b - \int_a^b (x-a)f'(x)\,dx \\ &= (b-a)f(b) - \int_a^b (x-a)f'(x)\,dx\end{aligned} \tag{4}$$

$$\begin{aligned}I = \int_a^b f(x)\,dx &= \Big[-(b-x)f(x)\Big]_a^b + \int_a^b (b-x)f'(x)\,dx \\ &= (b-a)f(a) + \int_a^b (b-x)f'(x)\,dx\end{aligned} \tag{5}$$

式(4)，(5)の平均をとれば，

$$I = I_1 + \frac{1}{2}\int_a^b \{(b-x) - (x-a)\}f'(x)\,dx \tag{6}$$

となる。この右辺の第2項の符号を変えたものが誤差 E_1 である。誤差 E_1 を，さらに次のように変形する。

$$\begin{aligned}E_1 &= -\frac{1}{2}\int_a^b \{(b-x) - (x-a)\}f'(x)\,dx \\ &= \Big[-\frac{1}{2}(b-x)(x-a)f'(x)\Big]_a^b + \frac{1}{2}\int_a^b (b-x)(x-a)f''(x)\,dx \\ &= \frac{1}{2}\int_a^b (b-x)(x-a)f''(x)\,dx\end{aligned} \tag{7}$$

いま，区間 $a \leq x \leq b$ における $f''(x)$ の最大値を U，最小値を L とすれば，

$$L \leq f''(x) \leq U$$

となり，これを式(7)に代入して積分すれば，

$$\frac{L}{12}(b-a)^3 \leq E_1 \leq \frac{U}{12}(b-a)^3 \tag{8}$$

となる。中間値の定理より，$a \leq \varepsilon \leq b$ のある点 ε において，

$$E_1 = \frac{f''(\varepsilon)}{12}(b-a)^3$$

が成立する。

したがって，区間 $[a, b]$ を n 等分し，$h = (b-a)/n$ とすれば，台形公式の誤差 E は次のようになる。

$$E = \frac{h}{2}(f_0 + 2f_1 + 2f_2 + \cdots + 2f_{n-1} + f_n) - \int_a^{a+nh} f(x)\,dx$$
$$= \frac{h^3}{12}\{f''(\varepsilon_1) + f''(\varepsilon_2) + \cdots + f''(\varepsilon_n)\} \tag{9}$$

ただし，$a+(i-1)h < \varepsilon_i < a+ih \ (i=1, 2, \cdots, n)$ である。$f''(\varepsilon_1), f''(\varepsilon_2), \cdots, f''(\varepsilon_n)$ の最大値を U，最小値を L とすれば，

$$L \leq \frac{1}{n}\{f''(\varepsilon_1) + f''(\varepsilon_2) + \cdots + f''(\varepsilon_n)\} \leq U$$

となる。中間値の定理より，$a < \varepsilon < a+nh$ のある点 ε において，

$$\frac{1}{n}\{f''(\varepsilon_1) + f''(\varepsilon_2) + \cdots + f''(\varepsilon_n)\} = f''(\varepsilon)$$

が成立する。この ε を用いれば，

$$E = \frac{nh^3}{12} f''(\varepsilon) \tag{10}$$

が得られる。

分割数 n を増大すれば，刻み幅 h が小さくなり，式(10)から打切り誤差が減少することがわかる。しかし，あまり細かく分割すると，演算量が増大し，丸め誤差が累積して，計算値の誤差はかえって増大する。打切り誤差と丸め誤差の関係について，次の数値積分を例にとり説明してみる。

$$I = \int_0^1 e^x dx = e - 1 = 1.71828\cdots$$

I を台形公式によって，分割数を順次増大させて数値積分を行うと，次表のような結果が得られる。

分割数 n	I の計算値
1 (2^0)	1.85914
2 (2^1)	1.75393
4 (2^2)	1.72722
8 (2^3)	1.72052
16 (2^4)	1.71884
32 (2^5)	1.71842
64 (2^6)	1.71831
128 (2^7)	1.71827
256 (2^8)	1.71824
512 (2^9)	1.71819
1024(2^{10})	1.71812

台形公式：$I \fallingdotseq \sum_{i=1}^{n} \frac{h}{2}(f_{i-1} + f_i)$

分割数 n が 100 ぐらいまでは，分割数の増加による打切り誤差の減少により，真の値に近づいている。しかし，さらに分割数を増加すると，丸め誤差が累積して打切り誤差にまさり，誤差は大きくなる。したがって，近似公式の刻み幅をいたずらに小さくするのは必ずしも得策ではないといえる。

7.4 桁落ち誤差

有効数字の頭のほうがそろっている 2 つの数を引いて，結果の有効桁数が激減することを桁落ちという。例えば，

7 誤差

$$8.3425071 - 8.3418425 = 0.0006646$$

のように有効桁数は8桁から4桁になってしまう。この値が以後の計算過程で乗除算に使われると相対誤差が増大し，それが全体を支配して計算を極度に不正確にしてしまう。したがって，近い数値の減算はできるだけ避けねばならない。

7.5 計算結果の一般的な検討法

以上述べた誤差の存在のために，コンピュータによって出力された計算結果の数字がどこまで有効であるか，またはコンピュータによって生じる最大誤差を明確に知ることは，真の値が前もってわかっていない限り，誤差の原因の厳密な評価や寄与の度合いは別として，多くの場合大変むずかしい。

そこで一般には，計算結果に対する信頼性を調べるために，少し異なったデータで計算をやり直したり，異なった固有誤差をもつ近似公式を用いたり，演算順序を変更したりして，それぞれの誤差の寄与を実験的に求めて，満足のいく結論に到達させていく方法がとられる。

— メモ(3) —

加算における丸め誤差の対策

有効桁数が仮に3桁の計算機としよう。$S = \sum_{i=1}^{1000} a_i$ の計算をする場合(ただし各 a_i は同じような値とする)，このまま実行すると，10個の a_i を加えた時点では S は a_i に比べて1桁大きな値となる。同様に，100個加えた時点では2桁大きくなっている。したがって，1000個目の a_i を加える時点では，S は a_i に比べて3桁大きい値となっている。S の有効桁数が3桁であるので，1000個目の a_i は S に比べて3桁小さく，加えても全く無意味となっている。したがって，正しい結果が得られていない。これを防止するために，例えば，以下のようにするとよい。

$$\underbrace{a_1 + \cdots + a_{10}}, \cdots, \underbrace{a_{91} + \cdots + a_{100}}, \cdots \underbrace{a_{901} + \cdots + a_{910}}, \cdots, \underbrace{a_{991} + \cdots + a_{1000}}$$

$$\underbrace{s_1 + \cdots\cdots\cdots + s_{10}}, \cdots\cdots\cdots, \underbrace{S_{91} + \cdots\cdots\cdots + s_{100}}$$

$$\underbrace{S_1 + \cdots\cdots\cdots\cdots\cdots\cdots\cdots\cdots + S_{10}}$$

$$S$$

と3段階に分けて計算を実行すれば，それぞれの a_i は S に対し同じ精度で計算されることとなる。

$a_i = \dfrac{h}{2}(f_{i-1} + f_i) \ (i = 1, 2, \cdots, n)$ として，この対策を前ページの表の計算に適用すると，結果は次のようになる。

分割数 n	I の計算値	
	対策前	対策後
64 (2^6)	1.71831	1.71831
256 (2^8)	1.71824	1.71828
1024 (2^{10})	1.71812	1.71828
4096 (2^{12})	1.71761	1.71828
16384 (2^{14})	1.71558	1.71828

演習問題

1. 連立1次方程式
$$0.780x + 0.563y = 0.217$$
$$0.913x + 0.659x = 0.254$$
の真の解は $x=1$, $y=-1$ である．ところが，第1式の右辺を 0.216999 に置き換えると，解はどうなるか．答の数値の意味を考察せよ．

2. 台形公式を用いて，
$$I = \int_0^{\pi/2} \sin x \, dx \, (=1)$$
を求め，分割数と誤差について検討せよ．

3. 桁落ち誤差を考察して，次の計算をできる限り正確に行え．
   (1) $\sqrt{626} - \sqrt{625}$
   (2) $3/(1-x^3)$, $x=0.99$
   (3) $(1-x^2)/(1-x^3)$, $x=0.99$
   (4) Taylor 展開による $e^{-5.5}$ の計算

索 引

■欧文索引

A

abs( )　88
Aitken の補間法　149
ASCII コード　7
　　──表　8
atof( )　92
atoi( )　58, 92
auto　50

B

Bairstow 法　120
Bisection 法　111
Bolzano process 法　111
break　34, 36, 37, 40

C

char　7
continue　40
cos( )　90

D

#define　55
double　7
do-while 文　38
DSO 法　141

E

EOF　100
exp( )　91
extern　52
　　──関数　54

F

fabs( )　88
False position 法　111

fclose( )　101
fgets( )　103
float　7
fopen( )　101
for 文　39
fputs( )　103
fread( )　104
free( )　93
fseek( )　106
fwrite( )　104

G

Gauss 法　124
Gauss-Jordan 法　124
Gauss-Legendre 積分法　156
Gauss-Seidel 法　133
getc( )　102
getchar( )　23

I

#if～#else～#endif　59
#ifdef～#else～#endif　58
if-else if 文　33
if-else 文　33
#ifndef　59
if 文　32
#include　19, 54, 84
int　7

J

Jacobi 反復法　124

L

Lagrange の補間法　148

――多項式　148
localtime( )　95
log( )　91
log10( )　91
long　7
LU 分解　130

M

main( )　3
malloc( )　93
Milne 法　164

N

Newton-Cotes 積分法　156
Newton 法　111
　――の補間法　151
Newton-Raphson 法　120

P

pow( )　89
printf( )　3, 8, 10, 20
putc( )　102
putchar( )　19

Q

qsort( )　96

R

rand( )　88
register　51
Regula falsi 法　113, 116
remove( )　107
rename( )　107
Romberg 積分法　156
Runge-Kutta-Gill 法　163
Runge-Kutta 法　161

S

scanf( )　23
short　7
Simpson の 1/3 公式　158
Simpson の 3/8 公式　158
Simpson の公式　157
sin( )　90
size_t 型　29, 87
sizeof( )　11
sizeof 演算子　29
sprintf( )　94
sqrt( )　90
srand( )　88
static　51
　――関数　54
stddef.h　29
stdio.h　3, 19
strcat( )　85
strcmp( )　86
strcpy( )　85
strlen( )　87
strncmp( )　86
strncpy( )　58, 85
switch 文　34

T

tan( )　90
Thomas 法　130
time( )　95
typedef　11

U

#undef　57
unsigned char　7
unsigned int　7
unsigned long　7
unsigned short　7

V

void　4, 15

W

while 文　36

■和文索引

あ 行

値渡し　63
1次元配列　42
入れ子　14, 16
インクリメント演算子　26
エスケープシーケンス　10
エディタ　5
演算子　24
　　──の結合規則　29
　　──の優先順位　29
円マーク　4, 10, 21
オブジェクトモジュール　4

か 行

外部変数　52
返り値　4, 15
型宣言　8
型変換　12
　　──演算子　28
関係演算子　28, 32
関数　6, 13
　　──の型宣言　15
　　──の記憶クラス　53
　　──の書式　15
　　──の引数としてのポインタ　63
　　──引数と構造体ポインタ　79
　　──引数と配列　68
記憶クラス　50
疑似乱数　88
基本データ型　7
逆行列　124, 135
逆補間　153
キャスト　12
　　──演算子　28
共役勾配法　124
共用体　71, 80

　　──の typedef　82
　　──の型定義　80
　　──の定義　80
　　──のメモリ配置　81
　　──のメンバへのアクセス　81
　　──変数　80
　　──変数の初期化　81
　　──変数の宣言　80
繰り返し処理　36
警告メッセージ　10
計算機イプシロン　114
係数行列　124, 126, 127
構造体　71
　　──タグ名　72
　　──とポインタ　78
　　──の typedef　78
　　──の入れ子　76
　　──の入れ子定義　77
　　──の型定義　72
　　──の配列　74
　　──のメモリ配置　72
　　──のメンバ　72
　　──のメンバへのアクセス　73
　　──配列の初期化　75
　　──配列の宣言　75
　　──変数　72
　　──変数の初期化　73
誤差　170
　　変換──　171
　　入力データに含まれる──　170
　　打ち切り──　173
後退差分　151
　　1階──　151
　　2階──　152
　　k階──　152
コメント文　4, 5
コンパイラ　3, 4
コンパイル　3, 4

さ 行

再帰呼び出し　16
最小2乗近似　140, 142
差分　151
　　1階——　151
　　2階——　151
　　k階——　151
　　後退——　151
　　前進——　151
三角化分解法　124
三項演算子　56
三項対角方程式　124, 130
三項対角行列　130
残差　140
　　——の2乗和　140
算術演算子　24
式のマクロ定義　56
軸要素　125
指数表示　20, 22
自然対数　91
四則演算　9, 24
実行　4
　　——モジュール　3, 5
実数表示　20, 22
自動変数　50
修正子　165
出力幅の指定　21
条件式　32
　　——で使用する演算子　33
条件付きコンパイル　57
常微分方程式　161
　　1階連立——　166
　　2階——　167
　　連立——　166
常用対数　91
剰余演算子　24
書式指定子　9, 20
数学関数　88
数値積分法　156

数値定数　6
スケーリング　127
ストリーム　99
正規化　127
静的変数　51
線形最小2乗法　140, 142
前進差分　151
添え字　42
ソースプログラム　3
ソースファイル　55

た 行

対角差分表　152
台形公式　156
代入　7
　　——演算子　25
多次元配列　47
直接探索法　141
定数　6
データ型　4, 7
データ変換関数　92
デクリメント演算子　26
デバッグ　5
特殊文字　10, 21

な 行

二項係数　151
二分法　114
2次元配列　45
　　——と文字列　46
入出力関数　94
入力桁数の指定　24
ヌル文字　44

は 行

配列　42
　　——名　42
　　——要素　42
掃出し法　124
バグ　3

バックスラッシュ 4, 10, 21
反復法 124
引数 4, 15
左詰め 21
標準関数 84
標準出力関数 19
標準入力関数 23
ファイル出力関数 101
　　――操作 99
　　――入力関数 101
　　――のオープン 100
　　――の組み込み 54
　　――のクローズ 100
付加行列 127
複合代入演算子 25
プリプロセッサ 50, 54
分岐処理 32
平方根 90
ベキ乗 89
ヘッダ 19, 84
　　――ファイル 50, 54, 84
変数 6
　　――とポインタ 62
　　――名 6
ポインタ 23, 61
　　――と配列 66
　　――の宣言 62
　　――渡し 63
　　――渡しと配列 68
　　――変数 62
補間法 148

　　Aitken の―― 149
　　Lagrange の―― 148
　　Newton の―― 151

ま 行

マクロ 54
　　――定義 55
　　――定義の解除 57
丸め誤差 171
　　――の伝播 171
メモリ操作関数 93
文字定数 6
文字列操作関数 85
文字列の配列 44

や 行

有効範囲 50
予測子 165
予約語 6

ら 行

ライブラリ 4
　　――関数 84
ラジアン 90
リンカ 4
レジスタ変数 51
連立1次方程式 124
論理演算子 28, 32

わ 行

ワーニング 10

著者略歴

杉江 日出澄（すぎえ ひでずみ）

1964年　名古屋工業大学工学部工業化学科卒業
現　在　日本福祉大学情報社会科学部教授
　　　　工学博士

主要著書

マイコンの基礎とZ 80（培風館, 共著, 1985）
FORTRAN 77 と数値計算法
　　　　　　　　　　（培風館, 共著, 1991）
コンピュータの基礎（培風館, 1997）
誰にもわかるパソコンの実践学習
　　　　　　　　　　（培風館, 共著, 1999）
Cプログラミングの学習（培風館, 共著, 2000）
パソコンの実践学習 Windows/Office 2000 版
　　　　　　　　　　（培風館, 共著, 2000）
UNIX/Linux 基礎講座（森北出版, 2000）
パソコンの実践学習 Windows/OfficeXP 版
　　　　　　　　　　（培風館, 共著, 2002）

鈴木 淳子（すずき じゅんこ）

1989年　名古屋大学理学部物理学科卒業
同　年　三菱電機株式会社に入社し，
　　　　システム開発に従事
現　在　日本福祉大学情報社会科学部
　　　　ティーチング・アシスタント

主要著書

Cプログラミングの学習（培風館, 共著, 2000）

© 杉江日出澄・鈴木淳子　2001

2001年10月 5 日　初版発行
2024年 3 月18日　初版第19刷発行

C 言語と数値計算法

著　者　杉江　日出澄
　　　　鈴木　淳子
発行者　山本　　格

発行所　株式会社　培風館
東京都千代田区九段南4-3-12・郵便番号102-8260
電話(03)3262-5256(代表)・振替 00140-7-44725

中央印刷・牧 製本

PRINTED IN JAPAN

ISBN 978-4-563-01546-6　C3055